蔬菜害虫
识别与防治彩色图谱

邱海燕 刘奎 主编

VEGETABLE PESTS

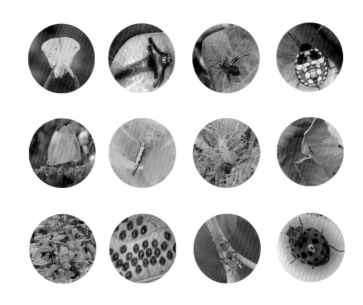

中国农业出版社
北京

编者名单

彩色图谱／蔬菜害虫识别与防治

主　　编　邱海燕　中国热带农业科学院环境
与植物保护研究所

刘　奎　中国热带农业科学院环境
与植物保护研究所

副 主 编　付步礼　中国热带农业科学院环境
与植物保护研究所

李继锋　中国热带农业科学院环境
与植物保护研究所

王晶晶　海南大学

编写人员　邱海燕　中国热带农业科学院环境与植物保护研究所

刘　奎　中国热带农业科学院环境与植物保护研究所

付步礼　中国热带农业科学院环境与植物保护研究所

李继锋　中国热带农业科学院环境与植物保护研究所

王晶晶　海南大学

王建赟　中国热带农业科学院环境与植物保护研究所

陈俊吕　广东省科学院南繁种业研究所

何石兰　海南省农业学校

前　言

　　蔬菜是人类的基本食物来源之一，可提供人体所必需的维生素、膳食纤维和矿物质。蔬菜生产在保障城乡居民基本消费需求、提高生活质量、提高农民收入方面发挥了重要作用。

　　国际和国内不同地区之间农产品、种苗的频繁运输流通，为害虫的传播和扩散创造了有利条件，增加了国外一些危险性害虫入侵我国及国内危险性害虫向未发生区蔓延的风险，威胁蔬菜产业的安全。此外，随着气候变暖和蔬菜生产的集约化程度提高、种植模式和种植结构的改变，蔬菜害虫的发生也出现了一些新情况，一些次要害虫上升为主要害虫，使得我国蔬菜生产面临害虫干扰的形势越发严峻。通过害虫的形态特征及为害特点准确识别害虫种类，及时采取有效的防治措施，对于蔬菜高质量、安全生产具有重要意义。

　　笔者根据实践经验及收集整理的资料编写了本书，旨在为蔬菜害虫田间识别和防治提供参考，为农业生产者和技术服务人员解决实际问题提供帮助。全书分为豆科蔬菜害虫、十字花科蔬菜害虫、茄科蔬菜害虫、瓜类蔬菜害虫、多食性害虫，并附害虫不同虫态和为害生态照片，附录归纳整理了蔬菜害虫常见天敌高清图片、防治蔬菜害虫的不同类型代表性农药相关信息，以及蔬菜害虫拉丁名索引。适合相关领域的科研人员、农业院校师生、技术推广人员、种植户等阅读参考。

　　在害虫的鉴定方面得到了中国热带农业科学院环境与植物保护研究所彭正强研究员、华南农业大学王兴民研究员、深圳职业技术学院阮用颖博士的鼎力相助，在此致以衷心的感谢！

本书在编写过程中，参考和引用了一些国内外同行专家的意见和观点，限于篇幅，不能一一列出，谨表致谢。

由于作者水平和经验有限，书中难免存在疏漏和不足，衷心期待专家、同仁和广大读者批评指正。

编　者

2023 年 9 月

蔬菜害虫识别与防治彩色图谱

NTENTS

目　录

第1章 PART 1
豆科蔬菜害虫

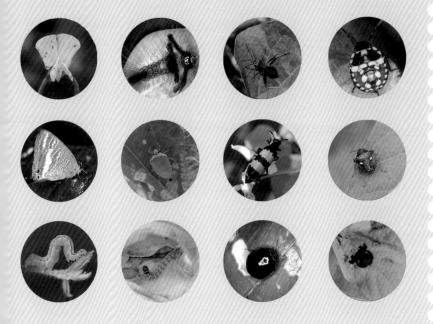

[豆科蔬菜害虫]

豆大蓟马

豆大蓟马（*Megalurothrips usitatus*）别称普通大蓟马、豆花蓟马，属锥尾亚目蓟马科。在我国分布于海南、广东、广西、云南、湖北、贵州、浙江、福建、台湾等地。

寄主植物 豆大蓟马寄主植物包括 12 科 49 种，主要为害大豆、豇豆、绿豆、红豆、花生、四季豆、眉豆等豆科作物。

为害特性 成虫和若虫在寄主植物的花器、嫩叶及嫩芽等幼嫩组织上取食和产卵，致使被害叶皱缩变形、扭曲，叶色褪绿。生长点被害后，不能形成真叶，植株出现多头现象或停止生长，甚至枯死。为害花器，造成落花、落荚。为害嫩果，致使荚果花皮，严重影响产量和品质。

形态特征

雌虫：长约 1.6mm，体色棕至暗棕色，前翅基部和近端部有两个淡色区，端部淡色区较大；前足胫节自基部向端部逐渐变淡，各跗节黄色；触角 8 节，除第 3~4 节及第 5 节基部黄色外，其余为棕色。

雄虫：体色似雌虫，但较细小。触角较雌虫为细，第 3 节淡黄色，第 4 节基部灰黄色，前胸淡黄色，前股节较粗而长于雌虫，且为暗棕色。

生活习性 豆大蓟马隐匿性极强，主要隐藏在花、嫩芽及尚未展开的嫩叶里取食和产卵，三龄后入土化蛹。成虫活动高峰期为 10：00~14：00。可营两性生殖和孤雌生殖，且孤雌产雄。

防治方法

农业防治：作物收获后及时清洁田园，尤其是田边的豆科植物，恶化豆大蓟马的生存环境，降低虫口基数；覆盖地膜，恶化豆大蓟马的化蛹环境，从而减少虫口数；合理轮作，推荐水旱轮作，或选用叶菜类蔬菜等豆大蓟马非嗜食作物进行轮作，尽量避免豆科作物连作。

物理防治：选用 60 目以上的防虫网进行全封闭或于田地四周使用高

2.5m 的防虫网进行半包围阻隔豆大蓟马；每亩*使用20~30张蓝色诱虫板诱杀成虫，苗期和伸蔓期诱虫板宜高出植株顶部15~20cm，生长中后期悬挂在植株中上部。

生物防治： 在豆大蓟马发生初期，可释放小花蝽、捕食螨等天敌进行防治。

化学防治： 在苗期，可用25%噻虫嗪水分散粒剂4 000倍液进行灌根。在豆大蓟马发生高峰期，根据10:00~14:00为豆大蓟马活跃的转叶转花为害高峰的特点，可在上午10:00前喷施60g/L乙基多杀菌素悬浮剂1 000~1 500倍液，或5%啶虫脒乳油1 000~1 500倍液，或70%吡虫啉水分散粒剂1 500~2 000倍液，或45%甲维·虱螨脲水分散粒剂2 500倍液，或0.3%苦参碱水剂500~800倍液进行防治。

卵

若虫

预蛹

蛹

成虫

豆大蓟马

---

* 亩为非法定计量单位，1亩≈667m²。——编者注

豆大蓟马对大豆的为害

豆大蓟马对豇豆的为害

四季豆　　　　眉豆　　　　花生

豆大蓟马对四季豆、眉豆和花生的为害

叶甲

为害热区大豆的叶甲主要有黄斑长跗萤叶甲（*Monolepta signata*）和黑肩麦萤叶甲（*Medythia suturalis*），均属鞘翅目叶甲科。黄斑长跗萤叶甲别称棉四点叶甲、四斑萤叶甲、四斑长 3K 萤叶甲。在我国分布于福建、云南、广西、广东、海南、贵州、四川、西藏等地。黑肩麦萤叶甲在我国分布于海南、广东、四川、台湾和香港等地。

寄主植物
黄斑长跗萤叶甲：寄主包括大豆、花生、棉花、玉米、水稻等。
黑肩麦萤叶甲：寄主主要为大豆、豌豆等豆科植物。

为害特性 叶甲成虫取食大豆子叶、生长点、嫩茎，受害叶片呈现缺刻、孔洞状，严重时叶肉几乎被吃光，仅留下叶脉及少部分叶肉组织，导致幼苗干枯死亡。造成缺苗断垄，甚至毁种，严重影响大豆的产量和品质。

形态特征
黄斑长跗萤叶甲：成虫体长 3～4.5mm，头、前胸、腹部、足腿节橘红色；上唇、小盾片、中胸、后胸腹板、足胫节及跗节、触角端部红褐色至黑褐色；鞘翅褐色至黑褐色，每翅上各具 2 个浅色斑，位于基部和近端部；斑前方缺刻较大，头部光亮，刻点细或看不出来；小盾片三角形；前胸背板宽为长的 2 倍多；腹部腹面黄褐色，中后胸腹面黑色，体毛赭黄色。

黑肩麦萤叶甲：成虫长 4～5mm，头部黑色，触角 11 节，除第 8～10 节白色外其余黑褐色。前胸背板黄褐色，具光泽，鞘翅黄褐色，密布刻点，背面无毛或鞘翅被短毛，前翅各具 1 黑色弯曲纵带；足黄褐色，腿节端部及胫节基部为黑褐色。

生活习性 成虫活泼善跳，具假死性，白天藏在土缝中，早、晚为害，卵产在豆株四周土表，幼虫以根为食，老熟幼虫在土中化蛹。

防治方法

农业防治：作物收获后及时铲除田间地头杂草，深翻土地灭卵和蛹，可减轻为害。

化学防治：在成虫发生期，可用2.5%溴氰菊酯乳油2 000倍液，或5%氯氰菊酯乳油1 000倍液，或2.5%高效氯氟氰菊酯乳油1 500倍液，或0.3%苦参碱水剂800倍液喷雾防治。

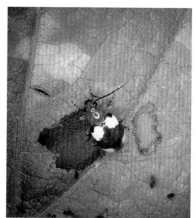

黄斑长跗萤叶甲成虫及其对大豆的为害

黑肩麦萤叶甲成虫及其对大豆的为害

缘蝽

　　为害热区豆科蔬菜的缘蝽主要有条蜂缘蝽（*Riptortus linearis*）和点蜂缘蝽（*Riptortus pedestris*），均属半翅目缘蝽科。条蜂缘蝽在我国分布于安徽、江苏、浙江、福建、江西、湖南、湖北、四川、贵州、云南、广西、广东、海南、台湾等地。点蜂缘蝽在我国分布于吉林、辽宁、宁夏、河北、北京、陕西、山东、安徽、江苏、浙江、福建、江西、湖南、湖北、河南、四川、贵州、西藏、云南、广西、广东、海南。

寄主植物

　　条蜂缘蝽：主要为害大豆、绿豆、豇豆和菜豆等豆科植物。

　　点蜂缘蝽：寄主包括 13 科 30 余种植物，主要为害大豆、豇豆、菜豆、蚕豆、豌豆、绿豆、扁豆等豆科作物，也为害水稻、麦类、甘薯、莲子、丝瓜、白菜等。

为害特性

缘蝽成虫和若虫刺吸寄主植物的嫩茎、嫩叶、花和果的汁液，致使嫩叶变黄，植物生育期延长，蕾、花凋落，果荚瘪粒、瘪荚，严重时植株不结实甚至死亡。

形态特征

　　条蜂缘蝽：成虫体长 13.2～14.8mm，浅棕色；头在复眼前部呈三角形，后部细缩如颈；复眼大而突出，黑色，单眼突出，褚红色。触角 4 节，第 2 节最短；前胸背板向前下倾，前缘具领片，后缘呈 2 个弯曲，侧角刺状；头、胸两侧的黄色斑纹横走成条；若虫一至四龄体型似蚂蚁，五龄狭长，全身密生白色绒毛。

　　点蜂缘蝽：成虫体长 15～17mm，黄褐色至黑褐色，头在复眼前部呈三角形，后部细缩如颈；触角 4 节，第 1～3 节端部稍膨大，基部颜色较淡。头、胸部两侧有黄色点斑状光滑斑纹；前胸背板及胸侧板有许多不规则的黑色颗粒，前胸背板前叶向前倾斜，前缘具领片，后缘有 2 个弯曲的刺状侧角；小盾片三角形，前翅膜片淡棕褐色；腹部黄黑相间，散生许多不规则的小黑点，腹面具 4 个较长的刺和几个小齿；足与体同色，胫节中段色淡，后足股节粗大，有黄斑，后足胫节向背面弯曲。若虫一至四龄体型似蚂蚁，五龄若虫似成虫。

生活习性 成虫和若虫极为活跃，反应敏捷，早晨和傍晚稍迟钝，阳光强烈时多栖息于寄主叶背。成虫善于飞翔，交尾多在上午进行。卵多散产于叶柄、叶背和嫩茎上。

防治方法

农业防治：清除田间病株残体、枯枝落叶和杂草，及时堆沤，降低虫口基数；合理安排茬口，避免豆科作物连作。

化学防治：在缘蝽低龄若虫期，用2.5%溴氰菊酯乳油1 000倍液，或5%啶虫脒微乳剂1 500～2 000倍液，或50%噻虫胺水分散粒剂2 000～3 000倍液，或25%噻虫嗪水分散粒剂1 500～2 000倍液，或2.5%高效氯氰菊酯悬浮剂2 000～3 000倍液，或10%醚菊酯悬浮剂2 000～3 000倍液，或25%噻嗪酮可湿性粉剂2 000～3 000倍液喷雾防治。选择早晚缘蝽活动迟钝时进行喷药，以提高防治效果。

成虫

若虫

条蜂缘蝽

点蜂缘蝽成虫

缘蝽对豇豆的为害

缘蝽对大豆的为害

[豆科蔬菜害虫]

稻绿蝽

　　稻绿蝽（*Nezara viridula*）别称绿蝽象、臭屁虫、屁扒虫，属半翅目蝽科，在我国各地均有分布。

寄主植物　稻绿蝽可为害水稻、小麦、玉米、高粱、粟、甘蔗、大豆、豇豆、四季豆、蚕豆、花生、芝麻、小白菜、棉花、黄麻、苎麻、向日葵、烟草、茄子、辣椒、马铃薯、柑橘、桃、李、梨、苹果、柴胡等34科近160种植物。

为害特性　成虫、若虫刺吸寄主植物的茎叶、果实汁液，致使叶片褪绿、萎蔫，果实小或畸形。为害大豆，以开花结荚期至收获期最盛，严重时可以造成顶芽及腋芽萎垂、干枯，豆荚不饱满甚至干荚。

形态特征

　　全绿型：体长12～16mm，椭圆形，体、足全鲜绿色；头近三角形，触角第3节末及第4、5节端半部黑色，其余青绿色；单眼红色，复眼黑色；前胸背板的角钝圆，前侧缘多具黄色狭边；小盾片长三角形，末端狭圆，基缘有3个小白点，2侧角外各有1个小黑点。

　　斑点型（点绿蝽）：体长13～14.5mm，全体背面橙黄至橙绿色；单眼区域各具1个小黑点，一般情况下不太清晰；前胸背板具3个绿点，居中的最大，常为菱形；小盾片基缘具3个绿点，中间的最大，近圆形，其末端及翅革质部靠后端各1个绿色斑。

　　黄肩型（黄肩绿蝽）：体长12.5～15mm，与稻绿蝽全绿型很相似，但头及前胸背板前半部为黄色，前胸背板黄色区域橙红、橘红或棕红色，后缘波浪形。

　　卵：杯状，卵顶端周缘有一环白色齿突，初产时浅褐黄色，近孵化时灰褐色。

　　若虫：一龄若虫赤褐色，前、中胸背板有1大型橙黄色圆斑，第1、2腹节背面两体侧各有1长形斑，第5、6腹节背面靠中央两侧各具1黄斑；二龄黑褐色，前、中胸背板两侧各具1椭圆形黄斑；三龄第1、2腹节背面各具 2 个近圆形白斑，第 3 至腹末节背面两侧各具 6 个近圆形白斑；四龄头部出现粗大的倒 T 形黑纹，黑纹两侧黄色；五龄前胸与翅芽散生黑色斑点，外缘橙红色，腹部边缘具半圆形红斑，腹背中央亦具红斑。

生活习性 稻绿蝽常聚集为害花穗、幼荚和嫩果。具较强趋光性，在强日照下，常躲在寄主叶背、果荚（穗）间。羽化后 5～13d 开始交尾，日夜均可交尾，以 15：00～17：00 时最盛。卵多产在寄主植物的叶片、嫩茎或果荚上，聚生，每卵块有卵 19～132 枚。初孵若虫停息于卵壳上，1.5～2d 后即开始在卵壳附近取食，取食后仍返回卵壳上栖息。三龄后开始扩散为害。若虫喜食嫩荚（穗）和嫩头（嫩秆）。

防治方法

农业防治：根据稻绿蝽的聚集习性，可人工捕杀成虫和若虫，或摘除卵块，以减少虫害。

化学防治：在卵孵化高峰期及低龄若虫期进行防治，参考缘蝽的防治用药。

卵　　二龄若虫　　三龄若虫　　四龄若虫

稻绿蝽

第 1 章　豆科蔬菜害虫

全绿型

斑点型

黄肩型

稻绿蝽成虫

稻绿蝽对大豆的为害

豇豆

豇豆

四季豆

稻绿蝽对豇豆和四季豆的为害

[豆科蔬菜害虫]

二星蝽

二星蝽（*Eysarcoris guttiger*）别称二小星蝽，属半翅目蝽科。国内除了青海和新疆外均有分布。

寄主植物 二星蝽可为害麦类、水稻、高粱、玉米、粟、大豆、豇豆、花生、胡麻、甘薯、茄子、桑、无花果、棉花等。

为害特性 成虫、若虫刺吸寄主嫩茎、穗部的汁液，被害处呈黄褐色小斑点，严重时嫩茎枯萎，叶片变黄，穗部空粒或落花，植株生长发育受阻，甚至枯死。

形态特征

成虫：卵圆形，体长 4.5～5.5mm，黄褐色或黑褐色，密布黑色刻点；头部多全黑色，少数个体头基部具浅色短纵纹；触角 5 节，第 1～4 节浅黄褐色，第 5 节黑色；前胸背板侧角短钝，前胸背板胝区的黑斑前缘可达前胸背板前缘；小盾片舌状，长达腹末前端，两基角各具 1 个黄白色光滑小圆斑；胸部腹面污黄色，密布黑色刻点，腹部腹面黑色，节间明显，气门黑褐色。足淡褐色，具黑色小点刻。

若虫：形似成虫，触角 4 节，一龄近圆形，头胸黑色，腹部赫黄，二龄以后体渐变卵圆形，头胸浅褐色，腹部淡黄褐色。

生活习性 成虫和若虫喜荫蔽，多栖息在嫩穗（荚）、嫩茎或浓密的叶丛间，遇惊即落地。成虫不爱飞行，具弱趋光性。卵多产于叶背，每处 4～12 枚，排成 1～2 行，或不规则，少数散生。

防治方法

农业防治：根据二星蝽遇惊落地的习性，可人工捕杀成虫和若虫，或摘除卵块，以减少虫害。

化学防治：在卵孵化高峰期及低龄若虫期进行防治，参考缘蝽的防治用药。

13

第 1 章 豆科蔬菜害虫

成虫

若虫

二星蝽

大豆

豇豆

二星蝽对大豆和豇豆的为害

珀蝽

珀蝽（*Plautia crossota*）别称朱绿蝽、克罗蝽，属半翅目蝽科。在我国分布于河北、北京、陕西、山东、安徽、江苏、上海、浙江、福建、江西、湖南、河南、湖北、四川、贵州、西藏、云南、广西、广东、海南。

寄主植物 大豆、菜豆、豌豆、芝麻、桑、水稻、玉米、苎麻、茶叶、柑橘、梨、桃、李、核桃、柿、猕猴桃、荔枝、龙眼等作物。

为害特性 成虫和若虫刺吸寄主植物嫩梢、叶片、果实的汁液，嫩芽、幼叶受害后布满褪绿、黄色小点。

形态特征 成虫长卵圆形，具光泽，密被黑色或与体同色的细点刻；头鲜绿色，触角第2节绿色，第3～5节绿黄色，末端黑色；复眼棕黑色，单眼棕红色；前胸背板鲜绿色，两侧角圆而稍凸起，红褐色，后侧缘红褐色；小盾片鲜绿，末端色淡；前翅革片暗红色，刻点粗黑，并常组成不规则的斑；腹部侧缘后角黑色，腹面淡绿，胸部及腹部腹面中央淡黄色；中胸片上有小脊；足鲜绿色。

生活习性 成虫有较强趋光性，晴天 10：00 前和 15：00 后较活泼，卵多产于叶背，呈双行或不规则紧凑排列，一般 14～16 粒。初孵若虫群集在卵壳周围或卵壳上，三龄后分散为害。

防治方法
在卵孵化高峰期及低龄若虫发生初期进行防治，参考缘蝽防治用药。

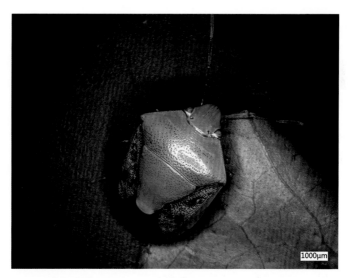

珀蝽成虫

珀蝽对豆角的为害

[豆科蔬菜害虫]

棉铃虫

棉铃虫（*Helicoverpa armigera*）别称棉铃实夜蛾、红铃虫、绿带实蛾，属鳞翅目夜蛾科，为世界性害虫，在我国各地均有分布。

寄主植物 棉花、大豆、豇豆、花生、豌豆、番茄、小麦、玉米、高粱等 20 多科 200 多种植物。

为害特性 低龄幼虫啃食寄主叶肉，残留表皮，随幼虫龄期增大，可将叶片食成缺刻或孔洞，严重时可将叶片食光。幼虫还可蛀食果荚，造成果荚空粒或腐烂，严重影响作物产量和品质。

形态特征
成虫：体长 14～18mm，翅展 30～38mm。雌蛾赤褐色至灰褐色，雄蛾青灰色；前翅前缘有暗褐色肾形纹和环形纹各 1 个，外横线有深灰色宽带，带上有 7 个小白点；后翅灰白色，外缘有黑色宽带，宽带中央有 2 个相连白斑。

卵：半球形，乳白色，顶部微隆起，表面布满纵横纹。

幼虫：老熟幼虫头黄褐色、有不明显的斑纹；体色多变，由淡红至红褐乃至黑紫色，常见为绿色及红褐色；气门上方有一褐色纵带，是由尖锐微刺排列而成。幼虫腹部第 1、2、5 节各有 2 个毛突，特别明显。

蛹：纺锤形，赤褐至黑褐色，腹末有一对臀刺；气门较大，围孔片呈筒状突起较高，腹部第 5～7 节具半圆形刻点，粗而稀。

生活习性 成虫白天隐伏，具强趋光性和趋化性。觅食、交尾、产卵多在黄昏和夜间进行，卵散产于嫩芽、嫩叶等幼嫩部分。初孵幼虫取食卵壳，第 2 天开始取食植物为害，幼虫有转株为害习性。老熟幼虫入土化蛹。

防治方法
农业防治：在豆科作物旁种植玉米带，诱集成虫产卵，然后集中杀灭幼虫；作物收获后及时翻耕土地，晒垡，破坏土中蛹室，减少虫源。
物理防治：在成虫发生期，利用黑光灯和棉铃虫性诱剂诱杀成虫。

第 1 章 豆科蔬菜害虫

　　生物防治：①棉铃虫具有丰富的天敌，如寄生性天敌姬蜂、茧蜂、赤眼蜂等，捕食性天敌瓢虫、草蛉、捕食螨、胡蜂、蜘蛛等。在棉铃虫卵盛期，可人工释放赤眼蜂进行防治。②在卵孵化盛期及幼虫低龄期，选用20亿PIB/mL棉铃虫核型多角体病毒悬浮剂每亩50～60mL，或100亿个活孢子/g杀螟杆菌粉剂每亩80～100g，或1万PIB/mg菜粉蝶颗粒体病毒每亩50～60g，或16 000IU/mg苏云金杆菌可湿性粉剂每亩100～120g，或0.5%苦参碱水剂每亩75～90g，或0.3%印楝素乳油800～1 000倍液，或0.5%藜芦碱可溶性液剂1 000～2 000倍液等生物农药喷雾防治，每7～10d喷1次，连续喷2～4次。

　　化学防治：在卵孵化高峰期和幼虫低龄期，可选用1.8%阿维菌素乳油1 000倍液，或2.5%高效氯氟氰菊酯乳油2 000～3 000倍液，或5%氟啶脲乳油1 000倍液，或2.5%联苯菊酯乳油2 000倍液，或30%氯虫·噻虫嗪悬浮剂2 000倍液，或25%灭幼脲乳油500～1 000倍液等喷雾防治，注意选在早晨或傍晚时喷药。

成虫

蛹

幼虫

棉铃虫

大豆

大豆

豇豆

棉铃虫对大豆和豇豆的为害

银纹夜蛾

银纹夜蛾（*Argyrogramma agnata*）别称黑点银纹夜蛾、黑点Y纹夜蛾、豆银纹夜蛾、豆步曲、豆尺蠖、豌豆造桥虫，属鳞翅目夜蛾科，在我国各地均有分布。

寄主植物 寄主包括甘蓝、小白菜、芜菁、花椰菜、芥蓝、白菜、生菜、萝卜、胡萝卜、大豆、豌豆、棉花、玉米、莴苣、烟草、茄子等几十种植物。

为害特性 幼虫蚕食叶片成缺刻或孔洞，甚至将全叶吃光，仅留少数叶脉，造成落花、落荚。此外，还可取食嫩果，或钻蛀到荚内为害，严重影响作物产量。

形态特征

成虫：体长12～17mm，翅展32mm，体灰褐色；前翅深褐色，具2条银色横纹，翅中有一显著的U形银纹和一个近三角形的银斑，两者靠近但不相连；后翅暗褐色，有金属光泽；胸背有两簇较长的棕褐色鳞片。

卵：半球形，白色至淡黄绿色，表面具纵棱与横格，呈网纹状。

幼虫：末龄幼虫体长约30mm，淡绿色，虫体前端较细，后端较粗。头部绿色，两侧有黑斑；胸足及腹足皆绿色，前胸背板有少量刚毛，有4个明显的小白点，向尾部渐宽，有腹足4对，第1、2对腹足退化，尾足1对，行走时体背拱曲；体背有纵行的白色细线6条，位于背中线两侧，体侧具白色纵纹；体节分界线淡黄色，气门线绿色或黑色，胸部气门2对，腹部气门8对，白色或浅黄色，四周为褐色。

蛹：长约18mm，初期背面褐色，腹面绿色，末期整体黑褐色，具尾刺1对。蛹体外具疏松而薄的白色丝茧。

生活习性 成虫昼伏夜出，趋光性强，趋化性弱。幼虫具假死性。喜在植株生长茂密的田中产卵，卵多散产于寄主叶背。初龄幼虫隐蔽于叶背啃食叶肉，残留上表皮，三龄后取食叶片成孔洞，或爬到植株上部将嫩尖、花蕾、嫩果全部吃光，甚至钻入果荚中为害。老熟幼虫多在叶背吐丝结薄茧化蛹。

防治方法

农业防治：作物收获后及时清理残株落叶集中处理，减少虫源。

物理防治：利用成虫的趋光性，在田间设置杀虫灯诱杀成虫，降低落卵量。

生物防治：银纹夜蛾具有多种天敌，如卵和幼虫寄生蜂、螳螂、蜘蛛、蜀蟪等捕食性天敌。在防治银纹夜蛾时应注意保护天敌，选择对天敌毒性低的农药，如苏云金芽孢杆菌、多角体病毒等进行防治。

化学防治：在卵孵化高峰期和幼虫低龄期进行防治，参考棉铃虫防治用药。

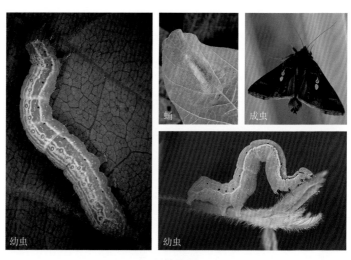

银纹夜蛾

银纹夜蛾对大豆的为害

毛胫夜蛾

毛胫夜蛾（*Mocis undata*）别称鱼藤毛胫夜蛾、云纹夜蛾，属鳞翅目夜蛾科。在我国主要分布于河南、河北、浙江、江苏、江西、福建、广东、云南、台湾等地。

寄主植物 主要为害大豆、鱼藤、紫藤等豆科植物。

为害特性 幼虫蚕食叶片成缺刻或孔洞，严重时把叶吃光，致使落花、落荚，影响产量。

形态特征

成虫：体长 18～22mm，翅展 46～50mm；触角丝状；身体与双翅土褐色带橘色，前翅略呈三角形，钝角弧形，前中段近内缘具有 1 黑色斑点或斑晕，前中线呈由基侧斜往外缘的红褐色直线，直线外缘具明显平行的深褐色宽晕纹，后中线于中段呈特殊的 S 形弯曲，翅身近外缘 1/3 段色调较深；后翅主色调较前翅浅，横向于中段与后中段间多少呈黄褐色，后中段至亚外缘段呈深褐色。

幼虫：老熟幼虫体长约 50mm，身体细长呈橙黄色，体背上有很多橙色黄色相间的纵线和由黑色小点组成的纵线；第 1 腹节亚背线两侧各有 1 个黄色的半月形纹，其周围嵌以橙黄色或黑色的边，头部粉白色，头颅两侧各有 7 条曲折的橙黄色纵线；围气门片黑色，气门筛灰褐色；胸足紫红色，其胫节内侧有一个较大的泡突，腹部具有许多暗黑色不规则的小斑点；第 1、2 对腹足退化。

生活习性 毛胫夜蛾的成虫有趋光性。幼虫行动迟缓，有吃卵壳的习性。末龄幼虫吐丝缀叶化蛹。

防治方法

参考银纹夜蛾防治方法。

成虫

幼虫

毛胫夜蛾

豆荚螟

豆荚螟（*Etiella zinckenella*）别称豆荚斑螟、豇豆荚螟、大豆荚螟、洋槐螟蛾、槐螟蛾，属鳞翅目螟蛾科。在我国分布于吉林、内蒙古、台湾、海南、广东、广西、云南、陕西、宁夏、甘肃、四川、云南、西藏等地。

寄主植物 寄主包括豇豆、菜豆、扁豆、大豆、蚕豆、绿豆等豆科植物。

为害特性 幼虫蛀食寄主的花蕾，致使落蕾；蛀食豆粒，使豆粒剩下半粒或一部分与虫粪混在一起，甚至豆粒被食光，荚壳内只留下虫粪，严重影响产量和品质。

形态特征

成虫： 体长 10～12mm，翅展 20～24mm，体灰褐色；前翅狭长，灰褐色，覆有深褐色、黄色及白色鳞片，沿前缘有 1 条白色纵带，近翅基 1/3 处有 1 条黄褐色月牙形横带；后翅灰白色，沿外缘褐色。

卵： 椭圆形，初产乳白色，后转红黄色，卵表面密布不规则网状纹。

幼虫： 初孵橘黄色，后变绿色；五龄背面紫红色，腹面绿色，头及前胸背板淡褐色；老熟幼虫前胸背板近前缘中央有"人"字形黑纹，两侧各有 1 个黑点，后缘中央有 2 个小黑点，背线、亚背线、气门线和气门下线明显。

蛹： 长 9～10mm，黄褐色，具臀刺 6 根。

生活习性 成虫具有昼伏夜出和趋光习性。成虫白天常停息在作物下部的叶背阴蔽处，受惊扰后可短距离飞行，天黑开始活动。以花蜜补充营养。羽化后 1d 便开始交尾，一般只交配 1 次。卵产在花瓣上或花萼凹陷处，也有将卵产在嫩茎、嫩荚和叶片上，卵多为散产也有数粒产于 1 处。初孵幼虫取食卵壳后爬出，蛀入花中或吐丝卷叶为害，三龄以后蛀食豆荚，有转荚为害习性，黄昏后为转荚高峰期。老熟幼虫钻入土缝内吐丝作茧化蛹，少数在植株上或豆架竿内化蛹。

防治方法

农业防治：豆科作物与非豆科作物轮作，甚至进行水旱轮作；选用抗虫品种。

物理防治：根据成虫趋光习性，利用杀虫灯诱杀成虫。

化学防治：在大豆结荚时，可用200g/L氯虫苯甲酰胺悬浮剂1 500倍液，或150g/L茚虫威悬浮剂1 500倍液，或0.5%苦参碱水剂800倍液，或0.3%印楝素乳油800～1 000倍液，或0.5%黎芦碱可溶性液剂1 000～2 000倍液，或1.2%烟碱·苦参碱乳油1 000～1 500倍液等在傍晚时进行喷雾，每7～10d喷1次，连续喷2～3次。

成虫

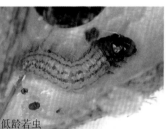

低龄若虫

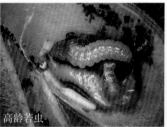

高龄若虫

豆荚螟

豆荚螟对大豆的为害

豆荚野螟

豆荚野螟（*Maruca vitrata*）别称豆蛀螟、豇豆荚螟、豆野螟、大豆卷叶螟、豆螟蛾、豆叶螟、豆螟、花生卷叶螟，属鳞翅目草螟科，为豆科作物的世界性重要害虫。在我国各地均有分布。

寄主植物 豇豆、大豆、扁豆、四季豆、绿豆、豌豆、蚕豆等70余种豆科植物。

为害特性 幼虫蛀食豆科作物花器、果荚和豆粒，造成落花、落蕾和落荚，后期为害种子，蛀孔外堆积粪便，造成烂荚，严重影响作物产量和品质。

形态特征
成虫：体长10～16mm，翅展25～28mm，体灰褐色；前翅黄褐色，前缘色较淡，从外缘向内有大、中、小透明斑各1块；后翅近外缘有1/3面积色泽同前翅，其余部分为白色半透明，有若干波纹斑；前后翅均有紫色闪光。

卵：椭圆形，初产淡黄绿色，孵化前橘红色，卵壳表面具网状纹。

幼虫：老熟幼虫长约18mm，黄绿色，头部及前胸背板褐色；中、后胸背板有黑褐色毛片6个，排成两列，前列4个各生有2根细长的刚毛，后列2个无刚毛；腹部各节背面上的毛片位置同胸部，且毛片上均着生1根刚毛。

蛹：长11～13mm，初为黄绿色，后变黄褐色，复眼红褐色。

生活习性 成虫昼伏夜出，白天潜伏在叶片下或田边草丛，受惊扰后可短距离飞行。卵多产在花和蕾上，少数产在嫩茎、嫩荚上。幼虫孵化后直接蛀入花器或嫩荚中取食为害。常吐丝将几个花器连成虫苞，在其中为害，或从两豆荚相靠处或与其他物体的相靠处蛀入，将粪便排到蛀孔外。幼虫有转荚为害习性，一生可转移2～3个豆荚。老熟幼虫入土结茧化蛹。

25

第1章 豆科蔬菜害虫

防治方法

　　农业防治：及时清除田间落花、落荚，并摘除被害花蕾、豆荚和卷叶集中处理，以减少虫源；实行水旱轮作或与非豆科作物轮作。

　　物理防治：在田间安装杀虫灯或用性信息素诱杀成虫，减少虫源。

　　化学防治：在卵孵化高峰期和幼虫低龄期进行防治，参考豆荚螟防治方法。

成虫

幼虫

幼虫

豆荚野螟

豇豆

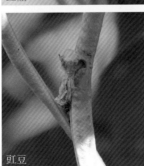

豇豆

四季豆

豆荚野螟对豇豆和四季豆的为害

豆卷叶螟

豆卷叶螟（*Lamprosema indicate*）别称大豆卷叶虫、豆蚀叶野螟、豆三条野螟，属鳞翅目螟蛾科。在我国分布于吉林、辽宁、浙江、江苏、江西、福建、台湾、广东、湖北、四川、河南、河北、内蒙古等地。

寄主植物 大豆、豇豆、菜豆、扁豆、绿豆、赤豆、四棱豆等豆科植物。

为害特性
幼虫吐丝将豆叶粘连卷起，潜伏在其中啃食表皮和叶肉，残留叶脉。

形态特征
成虫：体长 10mm，翅展 18~21mm，黄褐色，胸部两侧具有黑纹；前后翅外缘黑色，前翅有淡灰黑色的波状中、外横线，内横线上方常有 1个黑褐色小点；后翅颜色较前翅略深，并有 2 条波状横线，与前翅的内、中横线相连。

卵：椭圆形，淡绿色。

幼虫：头部和前胸背板淡黄色，胸部淡绿色，气门环黄色，亚背线、气门上、下线上有小黑点，体表被细毛。

蛹：长 12mm，褐色。

生活习性 成虫具有昼伏夜出和趋光习性，白天潜伏在叶背，受惊扰后可短距离飞行。卵散产在叶背。幼虫孵化后即取食，逐渐吐丝、卷叶，潜伏在卷叶内啃食叶肉，老熟后可在其中化蛹，亦可在落叶中化蛹。

防治方法

农业防治：摘除田间卷叶集中处理，消灭卷叶中的幼虫及蛹，减少虫源。

物理防治：在成虫盛发期利用诱虫灯诱杀成虫。

化学防治：当田间出现 1%~2% 豆株卷叶时开始防治，选用 1.8%阿维菌素乳油 1 000 倍液，或 2.5% 高效氯氟氰菊酯乳油 2 000~3 000

倍液，或 2.5％联苯菊酯乳油 2 000 倍液，或 30％氯虫·噻虫嗪悬浮剂 2 000 倍液，或 5％氟啶脲或氟虫脲乳油 1 000 倍液，或 25％灭幼脲乳油 500～1 000 倍液等，进行喷雾防治。

豆卷叶螟

豆卷叶螟对大豆的为害

双线盗毒蛾

双线盗毒蛾（*Porthesia scintillans*）别称夜黄毒蛾、桑褐斑毒蛾，属鳞翅目毒蛾科。在我国分布于浙江、福建、湖南、广东、广西、海南、四川、云南、陕西、台湾等地。

寄主植物 大豆、豇豆、四季豆、花生、玉米、荔枝、茶叶、柑橘、梨、龙眼、芒果、棉花和十字花科植物等。

为害特性 幼虫取食寄主叶片、花器和嫩果，导致叶片成缺刻或只剩叶脉，果实呈现缺刻或孔洞，影响产量和品质。

形态特征

成虫：触角黄白色至浅黄色，栉齿黄褐色；复眼黑色，较大；头部橙黄色；胸部浅黄棕色，腹部黄褐色，肛毛簇橙黄色，体下面与足浅黄色，足上生有许多黄色长毛；前翅赤褐色，微带浅紫色闪光，内线与外线黄色，前缘、外缘和缘毛黄色，外缘和缘毛黄色部分被赤褐色部分隔成3段，后翅黄色。

卵：扁圆形，中央凹陷，表面光滑，初产黄色，后渐变为红褐色。

幼虫：老熟幼虫头浅褐色，胸部、腹部暗棕色，前胸、中胸及第3～7腹节和第9腹节背线为黄色，且中间纵贯红线，后胸及前胸侧瘤红色；第1、2、8腹节背面具绒球状黑色短毛簇，其余为乌黑色至浅褐色，后胸背板还有1对红色毛突，体上毛瘤着生黑色长毛。

蛹：椭圆形，黑褐色，有浅棕褐色的茧。

生活习性 成虫昼伏夜出，卵多聚产在叶背，上面盖黄色绒毛。初孵幼虫具群集性，啃食叶下表皮和叶肉，三龄后分散为害，老熟幼虫吐丝结茧黏附在残株落叶上化蛹。

防治方法

农业防治：及时清理田间虫枝，减少羽化的虫口基数。

化学防治：参考棉铃虫防治方法。

成虫

卵

幼虫

双线盗毒蛾

大豆

大豆

豇豆

四季豆

双线盗毒蛾对大豆、豇豆和四季豆的为害

棉古毒蛾

棉古毒蛾（*Orgyia postica*）别称灰带毒蛾、荞麦毒蛾，属鳞翅目毒蛾科。在我国分布于广东、广西、海南、福建、江西、云南、台湾等地。

寄主植物 棉花、芒果、菠萝蜜、荔枝、龙眼、番石榴、腰果、毛叶枣、莲雾、阳桃、桑、茶叶、柑橘、苹果、桃、大豆、豇豆、花生、棉花、甘薯、马铃薯、甘蓝、瓜类、茄子等。

为害特性 幼虫取食寄主叶片、嫩芽和花器，可将叶片啃出小洞或缺刻，严重时可将叶片吃光，果实呈孔洞，影响产量和品质。

形态特征

成虫：雄蛾体长 7～9mm，翅展 22～25mm，触角浅棕色，栉齿黑褐色；前翅棕褐色，基线黑色，外斜；内线黑色，波浪形，外弯；横脉纹棕色带黑边和白边；外线黑色，波浪形，前半外弯，后半内凹，在中室后缘与内线靠近，两线间灰色；亚端线黑色，双线，波浪形，亚端区灰色，有纵向黑纹；端线由一列间断的黑褐色线组成；缘毛黑棕色，有黑褐色斑；后翅黑褐色，缘毛棕色。雌蛾翅退化，体长 13～16mm，全身密被灰白色短毛。

卵：球形，顶端稍扁平，乳白色。

幼虫：老熟幼虫体长 40～45mm，浅黄色，有稀疏棕色毛，背线及亚背线棕褐色，前胸背面两侧和第八腹节背面中央各有 1 棕褐色长毛束，第 1～4 腹节背面各有 1 黄色刷状毛，第 1 和第 2 腹节两侧各有 1 灰黄色长毛束；头部红褐色；翻缩腺红褐色。

蛹：长 16～19mm，黄褐至棕褐色；茧灰黄色，表面附着黑褐色毒毛。

生活习性 成虫多在 18：00～22：00 羽化，雄蛾羽化后爬行迅速，1～2h 后开始飞翔活动，雄蛾有较强趋光性。雌蛾羽化后爬行缓慢，多在茧周围活动。成虫羽化当晚即可交尾，雌蛾一生交尾 1 次，少数交尾 2 次，交尾后第 2 天开始产卵。初孵幼虫先取食卵壳，后取食叶肉组织，二龄开始分散为害。幼虫全天均可取食，晴天常爬到背阳处取食活动。老熟幼虫将叶缀织在一起，在其中结茧化蛹。

防治方法

参考棉铃虫防治方法。

雌成虫　　　　　卵　　　　　幼虫

棉古毒蛾

大豆　　　　　豇豆　　　　　豇豆

棉古毒蛾幼虫对大豆和豇豆的为害

基斑毒蛾

基斑毒蛾（*Dasychira mendosa*）别称柑毒蛾，属鳞翅目毒蛾科。 在我国分布于四川、云南、台湾、广东、广西、海南等地。

寄主植物 槟榔、睡莲、无花果、竹、柑橘、大王仙丹、绿豆等16种植物。

为害特性 幼虫取食寄主植物嫩叶、嫩芽和花器，导致叶片成缺刻，严重时可将叶片吃光，影响产量。

形态特征

成虫：雄蛾前翅基部各具1枚大型斑块，一般黑褐色，但有些个体呈白色或黄褐色或扩散至前缘，斑纹变异很大。雌蛾中室下方有多条黑褐色纵纹达外缘或亚端线。

幼虫：头部红色，左右有2丛长型黑色毛束，腹部前节侧缘有一白一黑的毛丛，背上有3~4丛白色毛斑，背中央有一条不明显的白色纵斑，体背密生红宝石般的瘤刺。

生活习性 卵聚产于叶上，一龄幼虫群栖，随着虫龄的增长逐渐散开，老熟幼虫在叶上作茧化蛹。

防治方法

农业防治：人工摘除卵块，捕杀未分散的幼虫。

化学防治：参考棉铃虫防治用药。

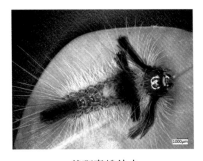

基斑毒蛾幼虫

[豆科蔬菜害虫]

褐带长卷叶蛾

　　褐带长卷叶蛾（*Adoxophyes orana*）别称苹果小卷蛾、茶小卷叶蛾、桑科纹卷叶蛾、小黄卷叶蛾，属鳞翅目卷蛾科。在我国除云南和西藏外，各地均有分布。

寄主植物　桑、茶叶、油茶、杏、梨、苹果、枇杷、李、桃、山楂、樱桃、柑橘、石榴、柿、荔枝、龙眼、橄榄、杨梅、榴莲、无花果、棉花、小麦、蚕豆、大豆、赤豆、绿豆、花生、芝麻、向日葵、甘薯、小白菜、瓜类等。

为害特性　幼虫吐丝把寄主植物叶片粘连在一起，幼虫在卷叶内取食为害。

形态特征　成虫体长 6～8mm，翅展 15～20mm，黄褐色。前翅略呈长方形，基斑、中带、端纹深褐色。翅面上常有数条暗褐色细横纹。后翅淡黄褐色微灰。腹部淡黄褐色，背面色暗。

生活习性　成虫昼伏夜出，有趋光性，对果汁、果醋和糖醋液趋性强。羽化后 1～2d 便可交尾产卵。卵多产于叶面，亦有产在果面和叶背的。初孵幼虫分散在卵块附近的叶背为害，稍大后分散各自卷叶为害。

防治方法

　　农业防治：在进行农事操作时，看到卷叶可及时摘除并处理，减少虫源。

　　生物防治：褐带长卷叶蛾具有丰富的天敌，如赤眼蜂、甲腹茧蜂、狼蛛等，因此在防治时应选择对天敌低毒的农药，充分发挥天敌的控制作用。

　　化学防治：参考棉铃虫的防治方法。

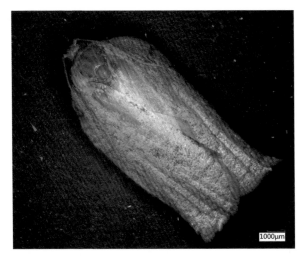

褐带长卷叶蛾成虫

褐带长卷叶蛾对大豆的为害

[豆科蔬菜害虫]

大造桥虫

大造桥虫（*Ascotis selenaria*）属鳞翅目尺蛾科，是一种世界性害虫。在我国分布于华南、华中、华东和西南等地区。

寄主植物 棉花、蚕豆、大豆、花生、豇豆、荷兰豆、扁豆、桑、甘蓝、白菜、辣椒、茄子、芦笋、咖啡、茶叶、向日葵、红麻、黄麻、梨、苹果、樱桃、柑橘、鳄梨等作物。

为害特性 幼虫取食寄主叶片，轻者叶片出现孔洞、缺刻，重则叶片被全部食光，甚至寄主枯死，影响产量和品质。

形态特征

成虫： 体长15～20mm，翅展26～48mm，一般为淡灰褐色；头棕褐色，下唇须灰褐色，复眼黑褐色；雌蛾触角线状，雄蛾触角双栉齿状；胸部背面两侧披灰白色长毛，各节背面有1对较小的黑褐色斑；前翅内外横线及亚外缘线均有黑褐色波状纹，内外横线间近翅的前缘处有1个灰白色斑，其周缘为灰黑色。

卵： 长椭圆形，表面具纵向排列的花纹，初产时翠绿色，孵化前为灰白色。

幼虫： 一龄幼虫体黄白色，有黑白相间的纵纹；低龄幼虫体多灰绿色，第2腹节两侧各有1个黑色斑；老熟幼虫青白色、灰黄色或黄绿色，第2腹节背近中央处具一明显黑褐色条斑，斑后有1对深黄褐色毛瘤，其上着生短黑毛，侧面有2个黑斑或消失。

蛹： 长14～17mm，纺锤形，初为青绿色，后为深褐色，略有光泽，第5腹节两侧前缘各有1个长条形凹陷，黑褐色，臀棘2根。

生活习性 成虫昼伏夜出，有较强的趋光性，不善飞行。多在夜间羽化，羽化1～3d便可交尾，交尾第2天开始产卵，卵散产在寄主植物的枝上。初孵幼虫活动力比较强，爬行或吐丝随风飘移寻找寄主。一、二龄幼虫仅啃食叶片成小洞，不取食时静伏于植株上，幼虫受惊后吐丝下垂，随风扩散到其他植株上，有的可沿细丝重新回到嫩叶上继续取食。幼虫老熟后，吐丝坠地钻入土中化蛹。

防治方法

参考棉铃虫防治方法。

大造桥虫幼虫

[豆科蔬菜害虫]

波纹小灰蝶

波纹小灰蝶（*Lampides boeticus*）属鳞翅目小灰蝶科。在我国分布于黑龙江、吉林、辽宁、浙江、江苏、江西、福建、台湾、云南、湖南、湖北、陕西、海南、西藏等地。

寄主植物 扁豆、豇豆、四季豆、豌豆、蚕豆等豆科植物等。

为害特性 幼虫蛀入花蕾或花器取食幼嫩子房和花药，此外还可蛀荚为害，造成落花、虫荚腐烂等。

形态特征

成虫：体长 12～14mm，翅展 30～35mm，咖啡色至紫色，被白色长绒毛；触角黑色，节间具白环；下唇须上面黑色，下面白色；前后翅正面褐色，具蓝紫闪光，后翅亚外缘有 1 列圆斑，雌蝶有 1 列不规则的污白斑与之平行，前后翅反面浅褐色，具多条污白波纹。

卵：白色，半球形，表面有排列整齐的六角形花纹，中央有 1 凹陷圆形孔。

幼虫：初孵淡灰色，后逐渐转变为淡灰绿色，体表有细毛；末龄幼虫长椭圆形，褐色或红棕色，腹面扁平，背面拱起，全身长有稀疏短毛，各体节中央背线有 1 深褐色纵纹，中央背线两侧至亚背线间有不明显淡色"八"字形斜纹。

蛹：长 9～11mm，褐色，表面光滑，蛹体布满许多黑褐色小斑点，腹节中央背线有 1 不明显黑色纵纹，翅芽外缘及后缘部位亦有明显黑色斑纹，气门黑褐色。

生活习性 成虫白天活动，以花蜜补充营养，多在始花至盛花期的豆类植物上产卵，卵散产。幼虫孵化后即钻入花蕾或花器为害，三龄以上幼虫可钻入豆荚为害。幼虫老熟后脱荚，在土中或落叶中作茧化蛹。

防治方法

一般与其他鳞翅目害虫同时防治。

幼虫

幼虫

蛹

成虫

波纹小灰蝶

波纹小灰蝶对豇豆的为害

[豆科蔬菜害虫]

豆秆黑潜蝇

　　豆秆黑潜蝇（*Melanagromyza sojae*）别称豆秆蛇潜蝇、豆秆穿心虫、豆秆蝇、钻心虫等，属双翅目潜蝇科。在我国分布于吉林、陕西、甘肃、河北、河南、山东、江苏、上海、安徽、浙江、湖北、湖南、江西、广东、海南、广西、四川、台湾等地。

寄主植物 大豆、赤豆、赤小豆、绿豆、四季豆、豇豆、蚕豆等豆科植物。

为害特性 幼虫蛀食寄主嫩梢、叶柄、主茎、分枝和根等部位，嫩梢受害后，顶芽变黑枯萎，常造成幼苗死亡。茎秆受害，被蛀成隧道，茎秆内髓部消失，茎秆由青变黄，叶片提早脱落，结荚显著减少。根部受害后呈黑褐色，主根腐朽，须根霉烂，根瘤破碎。严重影响作物的产量。

形态特征
成虫：体长2.5mm左右，体色黑亮，腹部有蓝绿色光泽，前翅膜质透明，具淡紫色光泽，平衡棒黑色。
卵：长椭圆形，长0.31~0.35mm，乳白色，稍透明。
幼虫：淡黄白色，口咽器黑色。
蛹：长筒形，长2.5~2.8mm，黄棕色，前、后气门明显突出，前气门短，向两侧伸出；后气门烛台状，中部有几个黑色尖突。

生活习性 成虫早晚最活跃，多在寄主植物上部叶面活动，夜间、烈日下和风雨天则栖息于豆株下部叶片或草丛中。以花蜜和植物汁液补充营养。卵多产在植株上部叶背主脉附近，幼虫孵化后，先在叶背面潜食叶肉，经主脉蛀入叶柄，再潜入侧枝或主枝茎髓部。老熟幼虫先在茎秆或叶柄上咬一孔，然后在孔上方化蛹。

防治方法

　　农业防治：选用抗性品种；合理轮作，尽量避免豆科作物连作；及时清除受害枯死的植株，集中焚烧或深埋，减少虫源。

化学防治：在成虫盛发期及卵孵化盛期，选用 75% 灭蝇胺可湿性粉剂 1 500～2 000 倍液，或 10% 吡虫啉可湿性粉剂 1 500～2 000 倍液，或 1.8% 阿维菌素乳油 2 000 倍液，或 5% 甲氨基阿维菌素苯甲酸盐水分散粒剂 1 000 倍液，或 25g/L 溴氰菊酯乳油 1 500～2 000 倍液进行喷雾防治，隔 8～10d 喷 1 次，连喷 2 次。

成虫

幼虫

蛹

豆秆黑潜蝇

豆秆黑潜蝇对大豆的为害

豌豆彩潜蝇

豌豆彩潜蝇（*Chromatomyia horticola*）别称豌豆植潜蝇、豌豆潜叶蝇、油茶潜叶蝇，属双翅目潜蝇科。在我国各地均有分布。

寄主植物 豌豆彩潜蝇寄主达 36 科 268 种，主要为害十字花科、豆科、菊科和茄科等蔬菜，尤其以豌豆和十字花科蔬菜为害较重。

为害特性 幼虫潜食叶肉，形成迂回曲折的蛀道，受害严重的叶片布满蛀道，导致叶片枯萎，受害植株生长不良，从而影响产量。

形态特征

成虫：体长 2～3mm，翅展 5～7mm，青灰色，无光泽，被有稀疏的刚毛；额黄色，复眼椭圆形，红褐色至黑褐色；触角 3 节，短小，黑色；中胸背板、小盾片黑灰色；足黑色，仅腿节端部黄褐色；平衡棒黄白色，腹部灰黑色，但各节背板及腹部的后缘为暗黄色。雌虫腹部末端有粗壮而漆黑的产卵器。

卵：长卵圆形，灰白而略透明。

幼虫：蛆形，初孵乳白色，透明，后变为黄白色，前端可见黑色能伸缩口钩。

蛹：长椭圆形，略扁，长约 2.5mm，初为乳白色，羽化前黑褐色。

生活习性 成虫活跃，善飞，白天活动、取食、交尾和产卵，夜间栖息在植株中下部的叶片背面，以花蜜和嫩叶汁液为食。卵散产于嫩叶背面边缘的叶肉里，尤以叶尖居多。幼虫孵后即潜食叶肉，老熟后在蛀道末端化蛹。

防治方法

农业防治：收获后及时清除残株败叶，集中处理，减少虫源。

物理防治：可用黄色诱虫板诱杀成虫，或用 30 目以上的防虫网覆盖阻隔。

化学防治：在卵孵化高峰期及幼虫低龄期，用 10%溴氰虫酰胺可分散油悬浮剂 3 000 倍液，或 2.5%溴氰菊酯乳油 1 500～2 000 倍液，或 70%吡虫啉水分散粒剂 2 000～3 000 倍液，或 75%灭蝇胺可湿性粉剂 2 000～3 000 倍液，或 1.8%阿维菌素乳油 2 000 倍液进行喷雾防治，隔 7～10d 喷 1 次，连续喷施 2～3 次。

豌豆彩潜蝇对豌豆的为害

[豆科蔬菜害虫]

大豆蚜

大豆蚜（*Aphis glycines*）别称腻虫、蜜虫，属半翅目蚜科，为世界性重要农业害虫，在我国分布于浙江、安徽、江西、广东、台湾、山东、河北、河南、内蒙古、宁夏、辽宁、吉林、黑龙江等地。

寄主植物 大豆蚜的寄主包括大豆、黑豆、菜豆、旋扭山绿豆、三裂叶葛藤等。

为害特性 成虫和若虫集中在寄主植物的生长点、嫩叶、嫩茎、嫩荚上刺吸汁液，被害处叶绿素消失，形成不规则黄斑，后黄斑逐渐扩大，变为褐色。受害严重时，叶片卷缩、脱落，植株矮小，分枝、结荚数减少。其分泌的蜜露可导致煤污病发生，此外，还可传播大豆花叶病毒、黄瓜花叶病毒等多种病毒病，严重影响作物产量。

形态特征

有翅蚜：体长 0.96～1.52mm，长卵形，黄色或黄绿色；体侧有乳状突起，无明显额瘤，复眼暗红色；触角 6 节，淡黑色；腹管圆筒形，黑色，有瓦片状轮纹；尾片黑色，圆锥形，中部稍缢缩，侧面有 2～4 对长毛。

无翅蚜：体长 0.95～1.29mm，椭圆形，淡黄色至黄绿色；额瘤较明显，其他同有翅蚜。

生活习性 大豆蚜有强烈趋嫩性，多聚集在植株上部的嫩叶、嫩茎和嫩荚上为害。有翅蚜对橘黄色具较强趋性，对银灰色有驱避性。可营孤雌生殖和有性生殖。

防治方法

农业防治：及时清除田边、沟边和田间杂草，减少虫源。

物理防治：可用黄色诱虫板诱杀或在田间覆盖银灰色薄膜驱避有翅蚜。

生物防治：大豆蚜具有丰富的捕食性天敌、寄生性天敌和病原真菌，因此应注意保护和利用天敌资源及其他生物资源，发挥生物控制作用，防治时选用对天敌低毒的药剂。

化学防治: 在蚜虫盛发期, 用 5% 吡虫啉乳油 1 500~2 000 倍液, 或 3% 啶虫脒乳油 1 500~2 000 倍液, 或 50% 吡蚜酮可湿性粉剂 1 500~2 000 倍液喷雾防治。

大豆蚜

大豆蚜对大豆的为害

[豆科蔬菜害虫]

豆蚜

豆蚜（*Aphis craccivora*）别称苜蓿蚜、花生蚜，属半翅目蚜科，是豆类蔬菜上的一种世界性主要害虫。在我国除西藏外各地均有分布。

寄主植物 豇豆、扁豆、菜豆、花生、蚕豆、眉豆、四棱豆、豌豆、大豆、苜蓿、甘蔗等 200 余种植物。

为害特性 成虫和若虫群集刺吸寄主植物的嫩叶、嫩茎、花及嫩荚汁液，致使叶片失绿变黄、皱缩畸形，生长点枯萎，影响花芽形成与荚果发育。其分泌的蜜露可导致煤污病发生，此外还可传播 40 多种植物病毒病，严重影响作物的产量和品质。

形态特征

有翅蚜：体长 1.5～1.8mm，紫黑色、墨绿色或黑色，具光泽；腹部颜色较浅，各节背面有不规则横带；中额瘤明显。触角 6 节；复眼紫褐色，眼瘤发达；足黄褐色。

无翅蚜：体长 1.8～2mm，黑色至紫黑色，具光泽；胸部黑褐色，腹部膨大隆起，各节侧面有明显的凹陷；足黄白色，腿节和胫节端部、跗节黑褐色；腹管黑色，为基部粗、端部细的长管状；尾片黑色，长圆锥形，有微刺组成的瓦纹。

生活习性 可营孤雌胎生和有性卵生两种生殖方式。有翅蚜对橘黄色有很强的趋性，对银灰色有驱避性。

防治方法

参考大豆蚜防治方法。

豆蚜对豇豆的为害

眉豆 四棱豆 大豆

豆蚜对眉豆、四棱豆和大豆的为害

[豆科蔬菜害虫]

小绿叶蝉

小绿叶蝉（*Empoasca flavescens*）别称浮尘子、叶跳虫等，属半翅目叶蝉科。世界各地发生普遍，在我国各地均有分布。

寄主植物 大豆、蚕豆、豌豆、豇豆、四季豆、猪屎豆、花生、十字花科蔬菜、马铃薯、甘薯、茶叶、油茶、桃、李、梨、苹果、稻、麦、甘蔗、烟草、桑、棉花等。

为害特性 成虫和若虫刺吸寄主叶片汁液，被害叶先出现黄白色斑点，斑点逐渐扩大成片，叶片从周缘卷缩凋零，严重时全叶苍白脱落。

形态特征

成虫： 体长 3.3～3.7mm，淡绿至淡黄绿色；触角刚毛状，末端黑色；前胸背板、小盾片浅鲜绿色，二者及头部常具白色斑点；前翅半透明，淡黄绿色，略呈革质，周缘具淡绿色细边，前缘区的白色蜡区明显或消失；而大多消失；后翅透明，具有珍珠光泽；胸部、腹板淡黄、淡绿或浅黄绿色；足与虫体腹面同色，但自胫节端部以下呈淡青绿色，爪褐色。

卵： 长椭圆形，初产时乳白色，后渐转淡绿色。

若虫： 共 5 龄，体淡黄绿色，足褐色，头冠及腹部各节生有白色细毛。

生活习性 成虫对黄绿色和浅绿色具有较强趋性。成虫和若虫均具趋嫩性，大多在芽梢、嫩叶活动。畏光怕湿，阴雨天或晨露未干时不活动，露水干后活动逐渐增强，阳光强烈时活动减弱。喜横行、善爬善跳。稍受惊动即跳离或沿枝条迅速下逃；常将尾端举起，时不时由肛门排出透明蜜露。卵多产于新梢嫩茎组织内。

防治方法

农业防治： 豆科植物可与玉米等作物进行间作。

物理防治： 可用黄色诱虫板诱杀成虫。

生物防治：小绿叶蝉具有丰富的天敌，捕食性天敌有蜘蛛、小花蝽、瓢虫等，寄生性天敌有赤眼蜂类、缨小蜂类、金小蜂类等，因此应选用对天敌低毒的药剂进行防治，保护田间的天敌，充分利用天敌的控制作用。另外，也可选用生物制剂 0.3% 苦参碱水剂 500～1 000 倍液，或 3% 除虫菊素水剂 400～800 倍液，或 0.3% 印棟素乳油 400～600 倍液进行防治。

　　化学防治：在卵孵化盛期及若虫低龄期，用 10% 吡虫啉可湿性粉剂 1 500 倍液，或 3% 啶虫脒乳油 1 500 倍液，或 30% 唑虫酰胺悬浮剂 1 500 倍液，或 10% 氟啶虫酰胺水分散粒剂 1 500 倍液进行喷雾防治，间隔 7d 喷雾 1 次，连续喷 2 次。

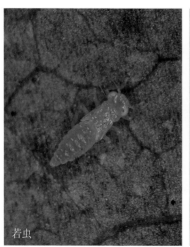
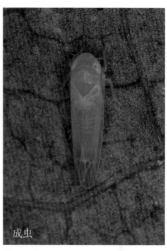

若虫　　　　　　成虫

小绿叶蝉

大豆　　　豇豆　　　四季豆

小绿叶蝉对大豆、豇豆和四季豆的为害

[豆科蔬菜害虫]

锯角豆芫菁

锯角豆芫菁（*Epicauta gorhami*）别称白条芫菁，属鞘翅目芫菁科。在我国除西藏外各地均有分布。

寄主植物 大豆、豇豆、菜豆、花生、甜菜、雍菜、甘薯、马铃薯、茄子、棉花、桑、水稻等。

为害特性 成虫取食寄主植物嫩叶，将叶片咬成孔洞或缺刻，甚至吃到只剩网状叶脉。取食花器，使其不能结实。

形态特征 成虫体长15～18mm，雌虫触角丝状，雄虫触角第3～7节扁而宽。头部除触角基部的瘤状突起、复眼及其内侧处黑色外，其余部分均为红色，触角近基部几节暗红色。胸、腹和鞘翅均为黑色，前胸背板中央和每个鞘翅中央均有1条白色纵纹，前胸两侧、鞘翅周缘、腹部腹面各节后缘均丛生灰白色绒毛。

生活习性 成虫取食及飞迁均具群集性。羽化4～5d后便可交配，雌虫交尾后继续取食，吃饱即开始到地面用前足和口器挖1个斜穴，并将卵产于穴内，产卵结束后用土将穴口封住。

防治方法

农业防治：利用成虫群集为害的习性，可在清晨用网捕成虫，集中消灭。

化学防治：采用4%鱼藤酮乳油1 200倍液，或1.2%烟碱·苦参碱乳油1 500倍液，或1%苦参碱可溶液剂1 500倍液，或100g/L溴虫氟苯双酰胺悬浮剂2 000～3 000倍液，或20%氰戊菊酯乳油1 500倍液等喷雾防治。

锯角豆芫菁为害大豆

[豆科蔬菜害虫]

横带斑芫菁

横带斑芫菁（*Mylabris schonherri*）属鞘翅目芫菁科，分布于我国广东、广西、福建、海南、香港等地。

寄主植物 水稻、豆科作物。

为害特性 成虫取食豆类作物花器，使之残缺不全，影响结荚。

形态特征 成虫黑色，被黑色长竖毛。头部刻点粗密。触角未达鞘翅基部。前胸背板具1短纵沟，纵沟前方略突起，近端部凹洼较大，呈三角形。小盾片半圆形，无光泽。鞘翅黑色，鞘翅基部肩角外侧具1短棒状橙黄色斑，有时向下延与近中部横带相连；中央横带横贯全翅，波浪状；近端横带与中央横带相似；端部黑边宽；4条纵脊明显，鞘翅长于腹端，翅缝端部不合拢。足基节和腿节外侧被黑色长毛。

生活习性 成虫喜群集，中午时飞翔频繁，而阴天、早晨或黄昏则很少活动。成虫交尾后将卵产于深1～5cm的土中。一龄幼虫行动活泼，可钻入土中寻找蝗虫卵囊寄生其中。

防治方法

参考锯角豆芫菁的防治方法。

51

横带斑芫菁成虫及其对豇豆的为害

第 **1** 章　豆科蔬菜害虫

[豆科蔬菜害虫]

眼斑芫菁

眼斑芫菁（*Mylabris cichorii*）别称黄黑花芫菁、黄黑小芫菁、眼斑小芫菁，属鞘翅目芫菁科。在我国分布于河北、陕西、山西、江苏、安徽、浙江、湖北、湖南、四川、福建、广东、广西、云南、海南、台湾等地。

寄主植物 豆类、瓜类、土豆、番茄、苹果等。

为害特性 成虫取食寄主植物叶片和花器，将叶片吃成缺刻，仅剩叶脉；将花器吃光或残留部分花瓣，影响作物产量。

形态特征 成虫体长15~20mm，黑色，被黑长毛。头略呈方形，刻点细小，后方两侧圆突；额中央具1个"瘤"，光亮较小。触角短，未达鞘翅基部。前胸背板长略大于宽，密布黑色竖毛，夹生有淡色短毛。小盾片略呈方形，中央略凹。鞘翅黑色，具黄色或棕黄色斑；每个鞘翅基部具2斑，内斑略呈圆形，外斑略呈长方形，2鞘翅内侧圆形斑相对，形似1对眼睛；端部黑边较宽。鞘翅黄色区域被淡黄色毛，4条纵脊明显，鞘翅长度盖过腹端。

生活习性 成虫遇惊常分泌黄液。卵产土中，幼虫常食蝗卵。

防治方法

参考锯角豆芫菁的防治方法。

眼斑芫菁对豇豆的为害

短额负蝗

短额负蝗（*Atractomorpha sinensis*）别称中华负蝗、尖头蚱蜢、小尖头蚱蜢，属直翅目锥头蝗科。在我国分布于东北、华北、西北、华中、华南、西南及台湾。

寄主种类 水稻、小麦、玉米、芝麻、麻类、棉花、甘蔗、白菜、甘蓝、萝卜、豆类、茄子、烟草、马铃薯、甘薯等。

为害特性 以成虫、幼虫取食叶片为害，造成叶片缺刻和孔洞，严重时将叶片食光，仅留枝干和叶柄。

形态特征
成虫：体绿色或土黄色；头部圆锥形，呈水平状向前突出；前翅较长，其长超出后足股节部分，后翅略短于前翅，基部粉红色，端部绿色。
卵：黄褐色至深黄色，长椭圆形，卵壳表面有鱼鳞状花纹。
蝗蝻：共有 4～6 个龄期；体草绿色或土黄色；头部圆锥形，触角剑状。

生活习性 短额负蝗喜栖于地被多、湿度大、双子叶植物茂密的环境，在灌渠两侧发生多。善跳跃，只做近距离飞翔。雌虫有背负雄虫习性，具多次交尾习性。喜将卵产于地势高、土质较硬、植被覆盖度低的地方。产卵时雌虫先用产卵器挖土、打洞，然后将卵产于土中，产卵同时分泌胶质液黏附卵粒成卵块。

防治方法
农业防治：清理田边杂草，减少短额负蝗的栖息场所。
化学防治：加强测报工作，在短额负蝗三龄以前施药，用 1.8%阿维菌素乳油 1 000 倍液，或 0.5%苦参碱水剂 500～800 倍液，或 0.3%印楝素乳油 800 倍液，或 100 亿个孢子/g 绿僵菌可湿性粉剂 1 000 倍液喷雾防治。

短额负蝗成虫

短额负蝗对大豆的为害

刺胸蝗

刺胸蝗（*Cyrtacanthacris tatarica*）别称褐斑檬翅蝗，属直翅目刺胸蝗亚科。在我国分布于海南、云南和广东。

寄主植物 芒果、荔枝、香蕉、水稻、甘蔗、高粱、小麦、棉花、花生、豆类、芝麻、烟草等。

为害特性 蝗蝻和成虫取食寄主叶片，致使为害部位呈缺刻状，甚至只剩主脉。

形态特征 成虫黄褐色或暗褐色，头大而短，眼面垂直。从头顶到前翅具有明显的黄色纵条纹，前胸背板侧片沟前区具一大白斑。前胸腹板突较大，呈圆锥状，极向后倾斜，其顶端几乎到达中胸腹板的前缘，顶端尖锐。股节、胫节粗壮，后足胫节内缘刺长而粗大。

生活习性 刺胸蝗在海南终年可见，世代重叠。

防治方法

防治方法参考短额负蝗。

刺胸蝗蝗蝻及其对大豆的为害

[豆科蔬菜害虫]

大豆瓢虫

大豆瓢虫（*Afidenta misera*），属鞘翅目瓢虫科。在我国分布于山东、西藏、云南、贵州、安徽、福建、广东、广西、台湾、海南。

寄主植物 大豆、豇豆等豆科植物。

为害特性 成虫、幼虫取食寄主叶肉、花器，仅残留上表皮，形成许多不规则的麻布状透明斑，严重时被害叶片在短期内干枯。

形态特征

成虫：圆卵形，背面呈半球形拱起，红褐色，披黄白色细毛，复眼黑色，触角、口器红褐色；前胸背板上有 4 个近于四边形或圆形的黑斑，排成横列；小盾片红褐色；鞘翅上有 6 个基斑和 8 个变斑，被黑褐色毛，基斑常较大而变斑常较小，或变斑甚小以致部分消失或全部消失，全部斑点均不与鞘缝或鞘翅外缘相连；腹面大部黑色，仅边缘、缘折、足同体色。

卵：炮弹形，初为淡黄色，近孵化黄褐色。

幼虫：淡黄色，纺锤形，中部膨大，背面隆起，体背各节生有整齐的枝刺。

蛹：椭圆形，初为淡黄色，羽化前背面显出淡黑色斑块，腹末包有幼虫末次蜕的皮。

生活习性 成虫具假死性，受惊即坠落。具趋光性，但畏强光，中午时常躲在叶背或阴凉处。卵散产在叶背上。老熟幼虫常在叶背化蛹。

防治方法

农业防治：利用成虫的假死性进行捕捉，减少虫源。

化学防治：在卵孵化盛期至二龄幼虫期，用 2.5%溴氰菊酯乳油 1 500～2 000 倍液，或 2.5%高效氟氯氰菊酯乳油 1 500～2 000 倍液，或 1.8%阿维菌素乳油 2 000～3 000 倍液，或 0.3%苦参碱水剂 500～800 倍液喷雾防治。

成虫　卵

幼虫　蛹

大豆瓢虫

大豆瓢虫对豇豆的为害

[豆科蔬菜害虫]

绿鳞象甲

绿鳞象甲（*Hypomeces squamosus*）别称蓝绿象、绿绒象虫、大绿象虫，属鞘翅目象甲科。在我国分布于河南、江苏、安徽、浙江、江西、湖北、湖南、广东、广西、海南、福建、台湾、四川、云南、贵州等地。

寄主植物 茶叶、油茶、柑橘、棉花、桑、大豆、花生、玉米、甘蔗、烟草、麻等作物。

为害特性 成虫取食寄主植物嫩芽、嫩叶及嫩枝，轻则把叶片吃成缺刻或孔洞，重则可将全株叶片吃光，影响植株生长。

形态特征

成虫：体长 15～18mm，体壁黑色，密被墨绿、淡绿、淡棕、古铜、灰、绿等闪闪发光的鳞毛，有时杂有橙色粉末；头、喙背面扁平，中间有一宽而深的中沟，复眼十分突出，前胸背板后缘宽，前缘狭，中央有纵沟；小盾片三角形。

卵：椭圆形，长约 1mm，黄白色，孵化前呈黑褐色。

幼虫：初孵时乳白色，后为黄白色，体肥多皱，无足。

蛹：长约 14mm，黄白色。

生活习性 成虫白天活动和取食，午后至黄昏时段最活跃，其余时间常隐藏于叶背。善爬不善飞，有群集性和假死性，受惊即坠落。成虫可多次进行交尾。卵散产在两叶片的合缝处，产卵后分泌黏液将叶片黏合保护卵粒。幼虫孵化后落地，以腐殖质、杂草或树木须根为食。老熟幼虫在土中化蛹。

防治方法

农业防治：根据绿鳞象甲成虫不善飞行的习性，可通过人工捕捉，减少虫源。

化学防治：为害严重时，于傍晚用 100g/L 溴虫氟苯双酰胺悬浮剂

2 000 倍液，或 1% 苦参碱水剂 800 倍液，或 20% 氰戊菊酯乳油 1 000 倍液等进行喷雾防治。

绿鳞象甲

绿鳞象甲对大豆的为害

[豆科蔬菜害虫]

绿豆象

绿豆象（*Callosobruchus chinensis*）别称中国豆象、小豆象、豆牛等，属鞘翅目豆象科。世界性害虫，我国各地均有发生。

寄主植物 绿豆、大豆、豇豆、扁豆、豌豆、蚕豆、赤豆等多种豆类植物。

为害特性 绿豆象先在田间侵入豆荚、然后随种子进入仓库。成虫产卵于完整豆粒表面，幼虫孵化后钻入种子内取食为害，可降低种子质量，影响种子发芽。

形态特征 成虫体长 2～3.5mm，体型粗短，卵圆形，深褐色。雄虫触角栉齿状，雌虫锯齿状。前胸背板后端宽，两侧向前部倾斜，前端窄，着生刻点和黄褐色、灰白色毛，后缘中叶有 2 个明显瘤突，瘤突上有 1 个椭圆形白毛斑。鞘翅基部宽于前胸背板，密布小刻点，灰白色毛与黄褐色毛组成斑纹，中部前后有 2 条向外倾斜的纹。臀板被灰白色毛，近中部与端部两侧有 4 个褐色斑。后足股节端部内缘有 1 长而直的齿，外端有 1 端齿，后足胫节腹面端部有尖的内、外齿各 1 个。

生活习性 绿豆象成虫善飞，具有趋光性、假死性、上沿性、群集性等。卵产于豆荚或豆粒上，幼虫孵化后从卵壳下蛀入豆荚或穿透荚皮蛀入豆粒内为害，取食胚及胚乳。成虫多在夜间羽化，羽化后在豆粒内停留 1～4d 后蛀孔爬出，爬至豆粒表面活动、觅偶交尾。

防治方法

农业防治：选用抗绿豆象品种，合理轮作，减少绿豆象为害。

生物防治：采用野艾蒿精油、大蒜精油、丁香精油等对成虫进行熏蒸防治。

化学防治：在绿豆象产卵量最大的豆科作物鼓粒期，用 0.6% 苦参碱水剂 800 倍液，或 1.8% 阿维菌素乳油 2 000 倍液喷雾，杀灭成虫及卵。对于在仓库内为害的绿豆象，可利用磷化铝进行熏蒸。

成虫

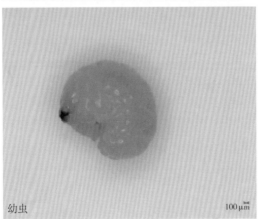

幼虫   100 μm

绿豆象

[豆科蔬菜害虫]

白星花金龟

白星花金龟（*Potosia brevitarsis*）别称白纹铜花金龟、白星花潜、白星金龟子，属鞘翅目花金龟科。在我国分布于黑龙江、辽宁、吉林、内蒙古、河北、陕西、山西、山东、安徽、江苏、浙江、四川、湖北、江西、湖南、福建、海南、台湾、西藏等地。

寄主植物 豆角、玉米、小麦、番茄、西瓜、甜瓜、胡萝卜、向日葵、葡萄、桃、李、杏、柑橘、棉花等14科26属29种植物。

为害特性 成虫取食寄主植物的幼叶、茎、芽、花和果实，影响产量及品质。

形态特征

成虫：体长18～24mm，椭圆形，背面扁平，体壳坚硬，光亮，多古铜色或青铜色；头方形，前缘微凹；触角短粗，深褐色，鳃叶状，由9～11节组成；复眼突出，黄铜色带有黑色斑纹。前胸背板长短于宽，具不规则白绒斑；小盾片长三角形，表面光滑，仅在其基角分布少量刻点；鞘翅宽大，肩部最宽，后缘圆弧形，散布很多白绒斑和粗大刻纹，大的绒斑多为横波纹状或云斑状，一般集中在鞘翅中后部；足粗壮，前足胫节外缘3齿，各足跗节顶端具2个弯曲爪。

卵：圆形至椭圆形，长1.7～2.0mm，初产为乳白色，后渐变为淡黄色。

幼虫：老熟幼虫体长24～39mm，乳白色，柔软、肥胖，圆筒形，身体向腹面弯曲呈C形，背面隆起，多横皱纹；头褐色，两侧各有1黄色菱形斑。胸足3对，黄色，很小。

蛹：体长20～23mm，卵圆形，复眼较大，触角较短，腹部末端有1对叉状突起。

生活习性 成虫具有趋化性、趋腐性、趋糖性、假死性、群聚性，但无趋光性。成虫将卵产在堆肥、腐物堆、富含腐殖质的土中，幼虫以腐殖质为食物，老熟幼虫在土室内化蛹。成虫白天活动，飞翔能力较强，但在早晚或阴天温度较低时多不活动。

防治方法

　　农业防治：农家肥集中堆放，经高温发酵腐熟再使用，减少白星花金龟的繁殖场所。根据成虫群集为害的特点，在早晚或阴天温度低时进行人工捕捉，集中杀死。

　　物理防治：将白酒、红糖、食醋、水按1∶3∶6∶9的比例拌匀，并加入80%敌敌畏乳油使其浓度稀释为1 500～2 000倍，配制成糖醋液诱杀成虫。

　　化学防治：在成虫盛发期,可用10%吡虫啉可湿性粉剂1 500～2 000倍液，或3%高效氯氰菊酯微囊悬浮剂1 000～1 500倍液等进行喷雾防治。

白星花金龟成虫

63

第1章　豆科蔬菜害虫

[豆科蔬菜害虫]

龟蝽

为害豆类的龟蝽主要有亚铜平龟蝽（*Brachyplatys subaeneus*）、筛豆龟蝽（*Megacopta cribraria*）及多变圆龟蝽（*Coptosoma variegata*），均属半翅目龟蝽科。亚铜平龟蝽在我国分布于福建、海南及香港。筛豆龟蝽别称豆圆蝽、臭金龟，在我国分布于北起北京、山西，南达台湾、海南、广东、广西，东到沿海地区，西至陕西、四川、西藏等地。多变圆龟蝽在我国分布于福建、四川、贵州、云南、海南等地。

寄主植物 龟蝽主要为害菜豆、大豆、绿豆、豇豆、蚕豆、豌豆等豆科作物。此外，还可为害桃、李、桑、枣、茶叶、玉米、柑橘、棉花等作物。

为害特性 成虫、若虫群集于寄主的主茎、分枝、豆荚、花蕾、叶柄和叶脉上刺吸汁液，致使叶片枯黄，植株枯瘦，花荚脱落，荚果枯瘪不实，严重影响作物的产量及品质。

形态特征

亚铜平龟蝽：成虫体长 4.5～5.5mm，背面黑色，光亮，具细密刻点。头背面有 2 条不规则、有时中断的黄色横纹。前胸背板侧缘黄色，前端中央有 1 条波状黄纹，两端向侧后方伸延至前翅基部。小盾片两侧及后缘有双重极细的黄色条纹。腹部两侧辐射状黄色带纹较窄。

筛豆龟蝽：成虫体扁圆，雌雄异型，雌虫体长 4.5～7.0mm，雄虫体长 4.0～4.5mm，草绿色或草黄色，具褐色粗糙刻点。复眼红褐色。触角 5 节，黄色。前胸背板被一列不整齐的刻点分为前后两部分，前部分小，刻点稀少，具有 2 条弯曲的黑色横纹；后部较大，刻点粗糙，有时中央具有 1 条隐约直贯小盾片顶端的浅色纵纹。小盾片发达，几乎将腹部及翅全覆盖，刻点均匀，基脉极显著，侧脉无刻点。卵圆桶状，表面有纵沟，卵盖周缘具孔突 10～16 个，初产白色，孵化前黄色。若虫 5 龄，一龄初孵时橘红色，取食后转为肉黄色，腹背有一"丁"字形纹，密披淡褐色细毛；二龄米黄色，密披褐色细毛，腹背有 4 个橘红色短条斑；三龄已成龟形，胸腹周边长出齿状肉突，上有 3～6 根黑褐色细毛；四龄前胸背板淡褐色，有小刻点，中后胸背或腹背有一红色横纹，翅芽棕褐色；五龄腹背有 2 条红色横纹。

多变圆龟蝽：成虫体长 2.2～3.2mm，近圆形，黑色具光泽，刻点细小。头小，侧叶与中叶等长。复眼黄褐色，单眼红色。触角基部黄色，端部褐色，第 2、3 节端部稍膨大。喙黄色，端部褐色。前胸背板前缘两侧具黄斑，侧缘黄色，侧角具黄斑，这些斑纹往往连在一起，前部具 2 个横置稍内凹的长斑纹。小盾片发达，盖及全腹背，具 2 个在同水平上横置的黄色斑纹；侧、后缘黄边连在一起，后缘黄边在中央处凹入呈角状。足黄色。

生活习性 龟蝽成虫将卵产于寄主植物的叶片、叶柄、托叶、荚果和茎秆上，平铺斜置呈 2 纵行，呈羽毛状排列。成虫、若虫均有群集性，均在茎秆、叶柄和荚果上吸食汁液，惊动时会分泌臭液。具假死性。

防治方法

农业防治：利用成虫假死性，振落成虫后集中灭杀。

生物防治：龟蝽有卵寄生蜂、白僵菌、蜘蛛、蚂蚁等多种天敌，在防治龟蝽时应注意保护和利用天敌，选用对天敌低毒的药剂。

化学防治：在卵孵化盛期及低龄若虫盛发期，可用 5% 高效氯氰菊酯悬浮剂 1 500 倍液，或 2.5% 溴氰菊酯微乳剂 1 500 倍液，或 25% 噻虫嗪水分散粒剂 4 000 倍液进行喷雾防治。

亚铜平龟蝽成虫及其对大豆的为害

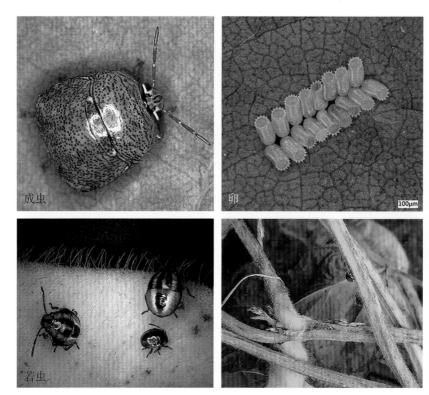

筛豆龟蝽及其对大豆的为害

多变圆龟蝽的成虫及其对豇豆的为害

粉蚧

为害豆科的粉蚧主要有双条拂粉蚧（*Ferrisia virgata*）、大洋臀纹粉蚧（*Planococcus minor*）、木瓜粉蚧（*Paracoccus marginatus*）、木槿曼粉蚧（*Maconellicoccus hirsutus*）和杰克贝尔氏粉蚧（*Pseudococcus jackbeardsleyi*），均属半翅目粉蚧科。双条拂粉蚧别称丝粉蚧、条拂粉蚧、橘腺刺粉蚧、大长尾介壳虫，在我国分布于海南、广东、广西、云南、福建及台湾等地。大洋臀纹粉蚧别称番石榴粉蚧，在我国分布于台湾、海南、广东、云南、新疆等地。木瓜粉蚧别称木瓜秀粉蚧、木瓜介壳虫，在我国分布于云南、广东、广西、福建、海南和台湾。木槿曼粉蚧在我国分布于宁夏、山西、福建、云南、西藏、广东、广西、香港、澳门和台湾等地。杰克贝尔氏粉蚧在我国分布于海南和新疆。

寄主植物

双条拂粉蚧：寄主包括番荔枝、番石榴、番茄、茄子、芒果、菠萝、椰子、龙眼、荔枝、茶叶、花生、大豆、豇豆、棉花、秋葵等200余种植物。

大洋臀纹粉蚧：寄主包括柑橘、梨、芒果、龙眼、大豆、西瓜、香瓜、黄瓜、南瓜、玉米、辣椒、马铃薯、番茄等250余种植物。

木瓜粉蚧：寄主包括木瓜、辣椒、番茄、茄子、番木瓜、番石榴、芒果、木薯、棉花、豌豆、大豆等34科55属60余种植物。

木槿曼粉蚧：寄主包括柑橘、葡萄、椰子、黄瓜、红麻、棉、玉米、花生、大豆等76属200余种植物。

杰克贝尔氏粉蚧：寄主包括粮食作物、水果、蔬菜、花卉等50科200余种植物。

为害特性 粉蚧雌成虫和若虫聚集在寄主植物的嫩枝芽、叶片背部、果实果柄及果皮缝隙等部位吸食汁液，导致植株枝条枯萎、叶片卷曲萎蔫坏死、花序凋落、果实畸形、树势早衰，重则会导致部分枝条死亡，甚至整株植株萎蔫死亡。此外，其排泄的蜜露可诱发煤污病，影响植物光合作用，导致植物营养不良，提早落叶落果，或果味变酸，影响作物的品质和产量。

形态特征

双条拂粉蚧：雌成虫卵圆形，体灰色，触角 8 节，体长 2.5～3.0mm，体表覆盖白色粒状蜡质分泌物，背部具 2 条黑色竖纹，无蜡状侧丝，仅尾端具 2 根粗蜡丝（长约为虫体的 1/2）和数根细蜡丝。

大洋臀纹粉蚧：雌成虫椭圆形，体长 1.3～2.2mm，多为粉红色或浅绿色，体外被白蜡粉，但常显露体节；体缘有细长蜡丝 18 对，末对仅比其他稍长；卵椭圆形，初产浅黄色，孵化前橙黄色；一龄若虫长卵圆形，初孵橙黄色，体表无明显白色蜡粉，体节难区分，蜡丝尚未形成；二龄若虫橙黄色，体被白色蜡粉逐渐显现，体节区分渐明显，体后半段出现细短蜡丝；三龄若虫橙黄色加深，体被蜡粉增厚，体节明显，体缘有 18 对蜡丝。

木瓜粉蚧：雌成虫嫩黄色，卵圆形，长约 2.2mm。体表具白色粉状蜡质物，背部蜡粉厚度分布不均，不足以掩盖体色，但亦无不连续裸露区；体缘有短蜡丝；一龄若虫浅黄绿色；二龄若虫体被白色蜡粉；三龄若虫与雌虫形态相似。

木槿曼粉蚧：雌成虫体长 1.19～1.65mm，椭圆形，初为橙黄色，交尾后渐变为红褐色；体表覆盖较厚的白色蜡粉，触角 9 节；腹末具一对白色蜡带；卵椭圆形，长约 0.34mm，橙黄色，略透明，卵一端颜色较深，孵化前变为粉红色；一龄若虫粉红色，单眼 1 对，红褐色，触角 6 节，胸足发达，喙位于前足之间，腹末尾瓣呈锥状突出，具长端毛 1 对，腹末有 2 根白色蜡质带伸出；二龄、三龄若虫橙黄色，触角 8 节。

杰克贝尔氏粉蚧：雌成虫长扁椭圆形，体长约 3.1mm，触角 8 节；虫体淡灰色至浅红色，每侧体缘着生 16～17 根纤细蜡丝，尾部 1 对蜡丝最长，约为体长的 1/2；身体表面覆白色蜡粉；足发育良好，所有的爪均无小齿；卵椭圆形，长约 0.5mm，淡黄色，半透明；初孵若虫浅黄色，背部无蜡质；二龄若虫橙黄色，背覆薄蜡质层；三龄雌性若虫背部蜡质层加厚，形态与雌性成虫相似。

生活习性

双条拂粉蚧：若虫在母体附近活动，三龄若虫与雌成虫体外背有白色绵状物，附近常伴有蚂蚁取食其分泌的蜜露，部分个体受惊扰后向外扩散或随风传播。

大洋臀纹粉蚧：具群聚性，取食、产卵及雄虫羽化时喜群聚在一起，通常集中在叶柄或果柄缝隙、叶片背面和嫩芽等部位。产卵前雌成虫基本停止活动，体态逐渐变得圆润饱满。产卵开始时，雌成虫的尾部末端会逐渐分泌少量蜡丝，随着产卵量的增加，蜡丝会不断增多，最终形成 1 个圆形或椭圆形的卵囊，将卵包裹在其中。产卵结束后，雌成虫的虫体逐渐干瘪萎缩，体色变暗，直至死亡。

　　木瓜粉蚧：若虫孵化后开始寻找合适的位置取食，可短距离爬行或随气流移动。雄成虫飞行能力较弱。雌成虫依靠性激素吸引雄虫交配。

　　木槿曼粉蚧：具群聚性，取食和产卵均挤成一团。雄成虫飞翔能力较弱，大多通过爬行寻找雌成虫，当找到雌成虫后，其先在雌成虫背上爬行，不断摆动触角，雌成虫则翘起腹部迎合。雄成虫可多次交尾，数次交尾后停止活动，1～2d 后即死亡。雌成虫交尾后向植株下方移动，产卵前虫体逐渐变得圆润，开始产卵时其腹部末端分泌蜡丝，并随着产卵量增大，蜡丝不断增加，最后形成 1 个棉絮状卵囊，将卵包裹其中。随着产卵过程的进行，虫体不断缩小，体色变得深暗，最后干瘪而死。

　　杰克贝尔氏粉蚧：初孵若虫较为活跃，从卵囊中爬出后便寻找合适的部位进行取食。雄性若虫二龄末期即停止取食，经预蛹和蛹发育为成虫。雄成虫可短距离飞行，不取食，羽化当天即可交配，交配后随即死亡，寿命不足 1d。

防治方法

　　生物防治：粉蚧具有丰富的天敌资源，如孟氏隐唇瓢虫、草蛉等捕食性天敌，广腹细蜂、跳小蜂、金小蜂等寄生性天敌，均对粉蚧有一定的控制作用，在进行粉蚧防治时应注意保护和利用天敌。

　　化学防治：在若虫低龄期可用 70% 吡虫啉可湿性粉剂 1 500 倍液，或 23% 高效氯氟氰菊酯微囊悬浮剂 2 000 倍液，或 0.6% 苦参碱水剂 800 倍液，或 60g/L 乙基多杀菌素悬浮剂 2 000 倍液进行喷雾防治，间隔 7d 喷 1 次，连续喷 2 次。

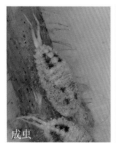
成虫

卵

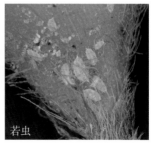
若虫

双条拂粉蚧

双条拂粉蚧对大豆的为害

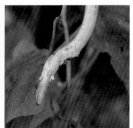

双条拂粉蚧对豇豆的为害

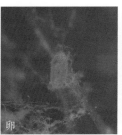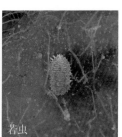

成虫　　　卵　　　若虫

大洋臀纹粉蚧

大洋臀纹粉蚧对大豆的为害

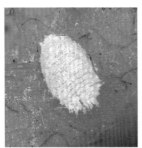

木瓜粉蚧及其对大豆的为害

雌成虫
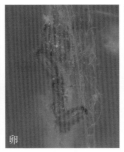
卵
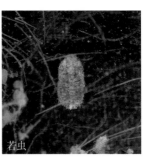
若虫

木槿曼粉蚧

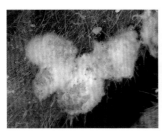

木槿曼粉蚧对大豆的为害

豇豆

豇豆

大豆

杰克贝尔氏粉蚧对豇豆和大豆的为害

[豆科蔬菜害虫]

甜菜白带野螟

甜菜白带野螟（*Spoladea recurvalis*）别称甜菜叶螟、白带螟蛾、青布袋、甜菜螟，属鳞翅目草螟科。 在世界上广泛分布，在我国除新疆外均有分布。

寄主植物 大豆、玉米、甘蔗、甘薯、茶叶、向日葵、甜菜、苋菜、黄瓜、青椒等植物。

为害特性 幼虫取食寄主植物叶肉，残留叶脉。

形态特征 成虫体长约 10mm，翅展 24～26mm，棕褐色。头部白色，额有黑斑。触角黑色、丝状。翅黄褐色，前翅中央有 1 宽白带，静止时相互连接呈两端内斜的秃宝盖形，前翅前缘近外缘端有较短的白带，邻近有 2 个小白点。后翅色泽较前翅稍暗，中央亦有斜向白带 1 条。两翅展开时，前后翅 2 条白带相接，呈倒"八"字形。

生活习性 成虫飞翔力弱，趋光、趋化性弱，喜栖于弱光或黑暗处。喜将卵散产于叶片茂盛的植株上。幼虫孵化后在叶背取食叶肉，随龄期增长和食量的增加可将叶片食成网状缺刻。老熟幼虫多在表土层作茧化蛹。

防治方法

农业防治：摘除带虫枝叶集中处理。作物收获后深翻、耙耱，杀死田间的蛹。

化学防治：在卵孵化高峰期，用 240g/L 虫螨腈悬浮剂 2 000 倍液，或 0.5% 阿维菌素乳油 2 000 倍液，或 15% 茚虫威悬浮剂 2 000 倍液，或 20% 氰戊菊酯乳油 3 000 倍液喷雾防治。

甜菜白带野螟成虫

八点广翅蜡蝉

八点广翅蜡蝉（*Ricania speculum*）别称八点蜡蝉、八点光蝉、桔八点光蝉、桔八点光蝉等，属半翅目广翅蜡蝉科。在我国分布于山西、江苏、浙江、福建、江西、湖南、湖北、河南、陕西、四川、贵州、云南、广西、广东、海南、台湾等地。

寄主植物 大豆、棉花、桑、茶叶、油茶、苹果、桃、梨、李、梅、杏、樱桃、山楂、枣、柑橘、柚、柿、板栗、酸枣、芒果、咖啡、可可等植物。

为害特性 成虫、若虫刺吸寄主植物的嫩枝、芽、叶的汁液，雌虫产卵时将产卵器刺入嫩枝、嫩茎内，破坏枝茎组织，被害嫩枝轻则叶枯黄、长势弱，重则枯死。

形态特征

成虫：头、胸黑褐色或烟褐色，腹部褐色；前翅褐色至烟褐色，翅上有4个较大的透明斑；后翅黑褐色，半透明，中室端部有1小透明斑。

若虫：一龄黄色，后胸背面紫红色，胸部背板上可见3条纵隆线，腹末具蜡丝10束，纯白，可将全身覆盖；三龄体淡绿色，胸部背板上3条纵隆线微带褐色，后胸后缘两侧角及中部隆起处为淡紫色，蜡丝灰白相间有3段褐紫斑；五龄天蓝色至淡绿色，披白粉，10束蜡丝灰白色相间，有5段褐紫斑，可覆盖全体。

生活习性 若虫活泼，具群集性，常数头集中在叶背、枝干刺吸寄主汁叶。当若虫轻度受惊时，便作孔雀开屏状动作，惊动过大则开始跳跃。成虫飞行力较强且迅速。

防治方法

生物防治：八点广翅蜡蝉具有多种天敌，如中华草蛉、大腹园蛛、异色瓢虫等，因此应注意保护天敌，最大限度利用天敌对其进行控制。

73

第 1 章 豆科蔬菜害虫

化学防治：在卵孵化高峰期用10%吡虫啉可湿性粉剂1 500～2 000倍液，或3%啶虫脒乳油1 500～2 000倍液，或30%唑虫酰胺悬浮剂1 500～2 000倍液，或10%氟啶虫酰胺水分散粒剂1 500～2 000倍液进行喷雾防治。

八点广翅蜡蝉成虫

第2章

PART 2

十字花科蔬菜害虫

[十字花科蔬菜害虫]

菜粉蝶

菜粉蝶（*Pieris rapae*）别称菜白蝶、白粉蝶、菜青虫，属鳞翅目粉蝶科粉蝶属，为十字花科蔬菜重要害虫。在我国各地均有分布。

寄主植物 菜粉蝶寄主包括 9 科 35 种植物，并嗜食甘蓝、芥蓝、芥菜、小白菜、花椰菜、白菜、萝卜等十字花科植物。

为害特性 幼虫啃食寄主叶片，仅残留表皮或造成孔洞缺刻，严重时仅剩叶柄和叶脉。幼虫还可钻入甘蓝叶球内暴食，排出的粪便污染菜心，致使蔬菜产量和品质下降。

形态特征

成虫： 体长 12～20mm，翅展 45～55mm，腹部密披白色及黑褐色长毛。翅粉白色；雌成虫前翅前缘和基部大部分灰黑色，顶角有 1 个三角形黑斑，在翅中室外侧有 2 个在 1 条直线上的黑色圆斑。雄成虫翅较白，基部黑色部分小，前翅近后缘的圆斑不明显，顶角三角形的黑斑较小。

卵： 竖直麦粒状，长约 1mm；表面具纵脊与横格。初产乳白色，后变橙黄色。

幼虫： 老熟幼虫体长 28～35mm，青绿色，背线浅黄色，腹面淡绿白色；体表密布黑色小毛瘤，各环节有横皱纹，沿气门线有黄斑。

蛹： 绿色或棕褐色，纺锤形，两端尖细，中间膨大具有棱角状突起。

生活习性 成虫白天活动，尤以晴天中午最活跃，以花蜜为食。卵多散产在寄主叶背，初孵幼虫先取食卵壳，后取食叶肉。幼虫行动迟缓，一、二龄幼虫有吐丝下坠习性，高龄幼虫具假死性，受惊后蜷缩身体坠地。幼虫老熟时爬至隐蔽处，先分泌黏液将臀足黏住固定，再化蛹。

防治方法

农业防治： 十字花科蔬菜收获后及时翻耕灭茬，防止残存虫源在残菜叶上繁殖，减少田间虫口基数。合理轮作，尽量避免十字花科蔬菜连作。

物理防治：成虫产卵期，可用 20 目的防虫网阻隔。

生物防治：菜粉蝶具有丰富的天敌资源，如花蝽、猎蝽等捕食性天敌，广赤眼蜂、绒茧蜂、蝶蛹金小蜂等寄生性天敌，在防治菜粉蝶时应注意保护和利用田间天敌。此外，在低龄幼虫期可选用苏云金杆菌、苦参碱等生物农药进行喷雾防治。

化学防治：在卵孵化高峰期用 2.5% 溴氰菊酯乳油 2 000 倍液，或 5% 氟啶脲或氟虫脲乳油 1 000 倍液，或 25% 氯虫·氯氟氰微囊悬浮剂 1 500 倍液，或 20% 甲氰菊酯乳油 2 000 倍液，或 25% 灭幼脲乳油 1 000 倍液等进行喷雾防治。

菜粉蝶

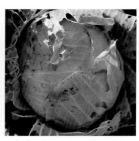

菜粉蝶对甘蓝的为害

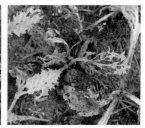

菜粉蝶对芥菜的为害

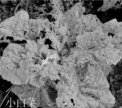

菜粉蝶对芥蓝和小白菜的为害

小菜蛾

小菜蛾（*Plutella xylostella*）别称菜蛾、方块蛾、小青虫、两头尖、吊死鬼，属鳞翅目菜蛾科，为十字花科蔬菜的重要害虫。在世界广泛分布，我国各地均有分布。

寄主植物 甘蓝、青花菜、芥菜、花椰菜、白菜、小白菜、萝卜等9科16属23种植物。

为害特性 低龄幼虫取食寄主植物叶肉，形成透明斑块；高龄幼虫食叶呈孔洞和缺刻，除影响叶菜类的品质外，还可影响留种植株的生长和种子产量。

形态特征

成虫：体长6～7mm，翅展12～15mm，头部黄白色，胸、腹背部灰褐色；翅狭长，缘毛很长，前翅前半部灰褐色，中间有1条黑色波状纹，其后面部分为灰白色。静止时两翅覆盖于体背呈屋脊状，灰白色部分组成3个连串的斜方块。

卵：椭圆形，长约0.5mm，淡黄绿色，表面光滑。

幼虫：老熟幼虫体长约9mm，两头尖细呈纺锤形，前胸背板有淡褐色小点组成2个U形纹。臀足往后伸长超过腹端。

蛹：长5～8mm，初为淡黄绿色，近羽化时呈褐色，无臀棘，肛门附近有钩刺3对，腹末有钩状臀刺4对。

生活习性 成虫具趋光性，飞行力弱，白天隐藏于叶背，只在受惊时作短距离飞行，19：00～23：00为活动高峰期。雌蛾羽化后即可交尾，有多次交尾习性，交尾后当晚就能产卵。卵散产于寄主叶背近叶脉的凹陷处或叶片正面基部叶柄附近。初孵幼虫在叶片上下表皮层内取食；二龄幼虫爬至叶背及心叶啃食，受惊后扭动身体后退并吐丝下垂潜逃迁移；老熟幼虫在叶脉附近吐丝结薄茧化蛹。

防治方法

    农业防治：蔬菜收获后，及时清除残株落叶进行深埋或烧毁，以消灭大量残留虫源；合理轮作，尽量避免十字花科蔬菜的连作。

    物理防治：小菜蛾成虫具有趋光性，可放置黑光灯诱杀成虫，以减少虫源，或者用小菜蛾性引诱剂诱杀成虫。

    化学防治：在卵孵化盛期至二龄幼虫期，用1.8%阿维菌素乳油1 500倍液，或5%氟啶脲或氟虫脲乳油1 000倍液，或25%氯虫·氯氟氰菊微囊悬浮剂1 500倍液，或20%多杀霉素水分散粒剂2 000～3 000倍液，或25%灭幼脲乳油500～1 000倍液，或0.6%苦参碱水剂800倍液，或60g/L乙基多杀菌素悬浮剂1 500～2 000倍液等进行喷雾防治，注意药剂的轮换使用。

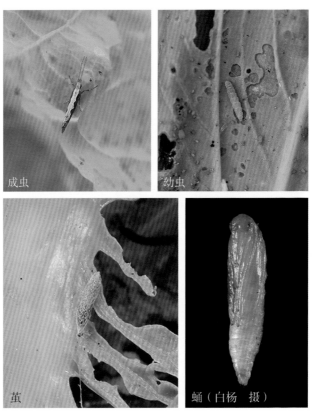

成虫　　　　　幼虫

茧　　　　　蛹（白杨　摄）

小菜蛾

小菜蛾对甘蓝的为害

小菜蛾对小白菜的为害

小菜蛾对芥菜的为害

第2章 十字花科蔬菜害虫

[十字花科蔬菜害虫]

菜螟

菜螟（*Hellula undalis*）别称菜心野螟、萝卜螟、甘蓝螟、卷心菜螟、白菜螟、菜剜心野螟、吃心虫、钻心虫，属鳞翅目螟蛾科。在我国分布于北京、陕西、甘肃、内蒙古、河北、山西、河南、山东、江苏、浙江、安徽、江西、福建、台湾、湖北、湖南、广东、广西、海南、四川、云南等地。

寄主植物 白菜、小白菜、甘蓝、萝卜、花椰菜、菜心、芥菜等十字花科蔬菜。

为害特性 幼虫蛀食寄主植物的生长点、茎髓和根部，严重时受害蔬菜因生长点被破坏而停止生长，甚至萎蔫死亡。甘蓝、白菜等受害后不能结球抱心，萝卜等蔬菜成无心苗。此外，菜螟还可传播软腐病，严重影响蔬菜产量及品质。

形态特征

成虫：翅展15～20mm，灰褐色或黄褐色，前翅有4条灰白色波状横纹，中室端有1个黑色肾形纹，镶有白边，其外侧为弧形突出的外横线；前翅外缘具1列黑色小点；后翅灰白色，外缘略带褐色。

卵：椭圆形，长0.43～0.47mm，与植物接触面常扁平，表面有不规则网状纹，初产时淡白色，孵化前褐红色。

幼虫：浅黄色，头部黑色，正面可见浅色的V形或Y形额缝；前胸背板具黑褐色小斑点，其中在中线两侧常呈纵行排列；中胸至腹末背面有5条浅褐色纵线，两侧还有1条断续不明显的纵线。

蛹：黄褐色，腹部背面隐约可见5条纵线，腹末具4根直立的臀棘。

生活习性 成虫白天隐藏在植株基部或叶背阴凉处，夜间活动，趋光性弱。雌虫仅交配1次，雄虫可交配多次。卵大多散产在寄主心叶、叶面、叶背或叶柄上。幼虫孵化后潜叶取食叶肉，形成短小的袋状隧道斑；二龄幼虫取食叶面或植株的幼嫩组织；高龄幼虫取食心叶、生长点、茎基部，常吐丝将心叶缠缀成团。

　　农业防治：蔬菜收获后，及时清理残株，集中深埋或焚烧，减少虫源。合理轮作，避免十字花科蔬菜连作。

　　生物防治：在卵孵化盛期用 16 000IU/mg 苏云金杆菌可湿性粉剂 800～1 000 倍液，或 3%印楝素乳油 500 倍液，或 0.6%苦参碱水剂 800 倍液防治。

　　化学防治：在卵孵化始盛期，或蔬菜幼苗心叶出现被害状时，可用 5%氯虫苯甲酰胺悬浮剂 1 000 倍液，或 10%虫螨腈悬浮剂 1 500～2 000倍液，或 6%乙基多杀菌素 2 000 倍液，或 1.8%阿维菌素乳油 2 000倍液进行喷雾防治。

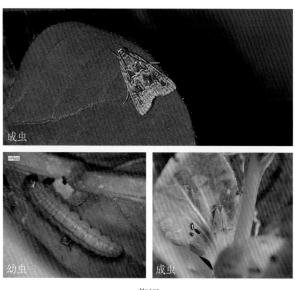

菜螟

菜螟幼虫对芥菜的为害

83

第 **2** 章　十字花科蔬菜害虫

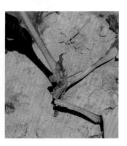

菜螟幼虫对菜心的为害

菜螟幼虫对小白菜的为害

黄曲条跳甲

黄曲条跳甲（*Phyllotreta striolata*）别称狗虱虫、菜蚤子、跳虱、土跳蚤、黄跳蚤等，属鞘翅目叶甲科跳甲亚科，为十字花科蔬菜的世界性害虫。在我国广泛分布。

寄主植物 萝卜、白菜、菜心、芥菜、芥蓝、甘蓝、小白菜、青花菜等十字花科植物。

为害特性 成虫取食菜苗的子叶和生长点，造成死苗；咬食叶肉，将叶片吃成极细密的孔洞，致使叶片残缺不全，同时还可传播细菌性软腐病和黑腐病，严重影响蔬菜的产量及品质。啃食留种蔬菜的花蕾和嫩果，影响种子的产量。

形态特征 成虫体长 1.8～2.4mm，黑色有光泽。前胸背板及鞘翅上密布刻点，排成纵行。鞘翅中央具 1 条黄色纵斑，此斑外侧凹曲颇深，内侧中部平直，仅两端向内弯曲。后足腿节膨大，足胫节基部及跗节棕色。

生活习性 成虫能飞善跳，具假死性和弱趋光性。在清早、晚上及阴雨天多躲藏在荫蔽处。成虫通常在 8：00～10：00、16：00～18：00 时较活跃，一经触动，迅速飞跳。常群集取食为害。卵散产于寄主根周围土缝中，初孵幼虫趋向寄主主根为害，幼虫具自相残杀的习性。老熟幼虫做土室化蛹。

防治方法

农业防治：蔬菜采收后及时清除枯株残叶，集中掩埋或焚烧，以减少虫源；合理轮作，避免十字花科蔬菜连作及邻作，中断黄曲条跳甲食物来源，减轻为害。

物理防治：蔬菜播种后可用 40 目防虫网进行阻隔；利用黄色诱虫板及黄曲条跳甲信息素诱杀成虫。

化学防治：成虫发生初期，用 5% 鱼藤酮可溶液 300～500 倍液，或

0.3%印楝素乳油 300～500 倍液，或 5%除虫菊素乳油 300～500 倍液，或 1.8%阿维菌素乳油 2 000～3 000 倍液，或 2.5%溴氰菊酯乳油 2 000～2 500 倍液等进行喷施防治。发生严重时，傍晚时辅以药液灌根防治幼虫。

成虫

黄曲条跳甲

黄曲条跳甲对萝卜的为害

黄曲条跳甲对芥菜的为害

黄曲条跳甲对菜心的为害

黄曲条跳甲对白菜的为害

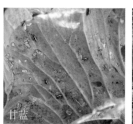

甘蓝

甘蓝

芥蓝

黄曲条跳甲对甘蓝和芥蓝的为害

黄曲条跳甲对小白菜的为害

第2章 十字花科蔬菜害虫

[十字花科蔬菜害虫]

西藏菜跳甲

西藏菜跳甲（*Phyllotreta chotanica*）属鞘翅目叶甲科跳甲亚科。在我国内分布于西藏、云南、广西、海南和台湾。

寄主植物 花椰菜、萝卜、小白菜等十字花科蔬菜。

为害特性 成虫啃食寄主叶片成孔洞，影响蔬菜的外观品质。

形态特征 成虫体长约 2mm，长形而扁，后部稍阔，背蓝黑色，略带绿色光泽，腹面沥青色，胫端和跗节带褐色。头顶皮纹状，无刻点，额唇基着生短白毛，触角黑色，触角间龙骨状隆起高而锐。前胸背板宽大于长，前端略窄，侧边微圆，前角向上，表面密布皱纹和细刻点。小盾片极小，无刻点。鞘翅基部稍宽于前胸背板，刻点粗密混乱，刻点直径大于刻点间距，刻点间具细皱纹。

生活习性 西藏菜跳甲成虫能飞善跳，一经触动，迅速飞跳。

防治方法

参考黄曲条跳甲的防治方法。

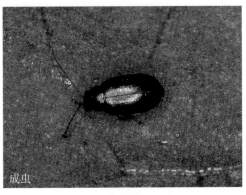

成虫

西藏菜跳甲

西藏菜跳甲对萝卜的为害

西藏菜跳甲对菜心的为害

第2章 十字花科蔬菜害虫

[十字花科蔬菜害虫]

小猿叶甲

小猿叶甲（*Phaedon brassicae*）别称小猿叶虫、白菜猿叶甲，属鞘翅目叶甲科。在我国分布于湖北、江苏、江西、安徽、浙江、湖南、福建、台湾、四川、贵州、云南、广东、海南等地。

寄主植物 萝卜、小白菜、芥蓝、青花菜等十字花科蔬菜。

为害特性 初孵幼虫取食叶肉，形成很多小凹斑，高龄幼虫和成虫将叶片咬成孔洞，严重时仅留叶柄和主脉，影响蔬菜的产量和品质。

形态特征

成虫：卵圆形，体长 3.0～4.1mm；背面蓝色，具绿色光泽，腹部黑色，但腹部末节端缘棕色；头小，深嵌入前胸，具刻点；鞘翅刻点排列整齐，每翅 8 行半。

幼虫：初孵淡黄色，后变灰黑色，具光泽，各体节上具黑色毛瘤，沿亚背线的一行最大。

生活习性 成虫多聚集为害，具假死性，受惊动后即缩足坠落。成虫产卵前咬孔，一孔一卵。幼虫喜取食心叶，昼夜均活动。老熟幼虫筑土室化蛹。

防治方法

农业防治：在蔬菜收获后及时清理田间的残株落叶，并翻耕晾晒，减少虫源基数。

化学防治：在小猿叶甲发生初期，用 0.6% 苦参碱水剂 800 倍液，或 20% 呋虫胺可溶粒剂 2 000～2 500 倍液、10% 虫螨腈悬浮剂 1 500～2 000 倍液，或 10% 溴氰虫酰胺可分散油悬浮剂 1 500～2 000 倍液，或 60g/L 乙基多杀菌素悬浮剂 2 000～2 500 倍液进行防治。

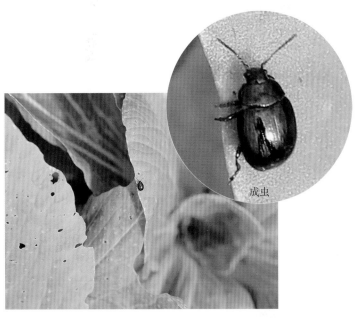

成虫

幼虫

小猿叶甲及其对小白菜的为害

[十字花科蔬菜害虫]

萝卜蚜

萝卜蚜（*Lipaphis erysimi*）别称菜缢管蚜，属半翅目蚜科。在我国各地均有分布。

寄主植物 甘蓝、白菜、花椰菜、小白菜、芥蓝、萝卜、菜心等十字花科蔬菜。

为害特性 成蚜及若蚜在寄主植物茎、叶，特别是嫩芽、嫩叶上刺吸为害，造成植株叶片变黄、卷缩变形、生长不良、植株矮小。留种植株受害，则造成节间变短、弯曲，不能正常抽薹、开花与结籽。其排泄蜜露，引起煤污病。此外还可传播病毒病，影响蔬菜产量及品质。

形态特征
有翅蚜：体长约2.1mm，头、胸黑色，腹部深绿色。第1～6腹节有圆形缘斑，尾片长三角状。

无翅蚜：灰绿色或黑绿色，被薄粉；表皮粗糙，有菱形网纹；腹管长筒形，有缘突及切迹；尾片圆锥状，有横纹及长毛4～6根。

生活习性 有翅蚜对黄色具趋性，对银灰色具驱避性。成虫、若虫均具趋嫩习性，常聚集在寄主植物的心叶及花序上为害。可营孤雌生殖和有性生殖两种生殖方式。

防治方法
农业防治：蔬菜收获后应及时清理前茬病残体，铲除田间、地边杂草。
物理防治：采用黄板诱杀或用银灰色反光薄膜驱避有翅蚜。
生物防治：萝卜蚜具有丰富的天敌资源，如瓢虫、蜘蛛、草蛉、蚜茧蜂、食蚜蝇、食虫盲蝽等，在进行萝卜蚜的防治时，应注意充分利用天敌的控制作用，选择对天敌杀伤力低的农药，保护天敌。
化学防治：在蚜虫点片发生阶段用50%抗蚜威可湿性粉剂2 000～3 000倍液，或1.8%阿维菌素乳油2 000～3 000倍液，或10%吡虫啉可湿性粉剂 1 500 倍液，或 4.5%高效氯氰菊酯乳油 2 000 倍液等进行喷雾防治，隔 7~10d 喷 1 次，连续防治 2~3 次。

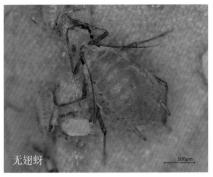

无翅蚜   500μm   有翅蚜

萝卜蚜

萝卜蚜对芥蓝的为害

萝卜蚜对芥菜的为害

萝卜蚜对小白菜的为害

萝卜蚜对萝卜的为害

甘蓝蚜

甘蓝蚜（*Brevicoryne brassicae*）别称菜蚜，属半翅目蚜科。在我国各地均有发生。

寄主植物 花椰菜、甘蓝、小白菜、胡萝卜等十字花科蔬菜。

为害特性 成蚜、若蚜聚集在寄主的叶、嫩茎、花梗、嫩荚等部位为害，使寄主叶片扭曲变形，影响植株生长和结实，分泌蜜露可引发煤污病，影响蔬菜产量和品质。甘蓝蚜还可传播甜菜花叶病毒、萝卜花叶病毒、黄瓜花叶病毒等20多种植物病毒，造成的为害远超蚜虫。

形态特征

有翅蚜：头、胸部黑色，复眼赤褐色，腹部黄绿色，有数条不明显的暗绿色横带，两侧各有5个黑点，全身覆白色蜡粉。腹管很短，远比触角第5节短，中部稍膨大。

无翅蚜：全身暗绿色，被较厚的白色蜡粉，复眼黑色，无额瘤，腹管短于尾片，尾片近似等边三角形，两侧各有2～3根长毛。

生活习性 有翅蚜对黄色、橙色具强烈趋性，对银灰色具驱避性。可营孤雌生殖和有性生殖两种生殖方式。

防治方法

参考萝卜蚜的防治方法。

甘蓝蚜对青花菜的为害

[十字花科蔬菜害虫]

桃蚜

桃蚜（*Myzus persicae*）别称腻虫、烟蚜、桃赤蚜、菜蚜，属半翅目蚜科。在我国各地均有发生。

寄主植物 十字花科、茄科、禾本科、豆科、莎草科、旋花科、藜科、菊科、葫芦科、伞形科等 40 多科 100 多种植物。

为害特性 成蚜和若蚜在寄主植物上刺吸汁液，造成叶片卷缩变形，植株生长不良。为害留种植株的嫩茎、嫩叶、花梗、嫩荚，使之不能正常抽薹、开花和结果。其分泌蜜露，可诱发煤污病，严重影响蔬菜的产量和品质。此外，还可传播病毒病，造成更大的为害。

形态特征

有翅蚜：头、胸黑色，腹部淡绿色，边缘有褐色斑块，腹背中央有一大块褐色斑。

无翅蚜：浅绿、浅黄至浅红色。头部色深，额瘤显著，中额瘤微隆。体表粗糙，背中域光滑，第 7、8 腹节有网纹。腹管长筒形，端部黑色。尾片黑褐色，圆锥形，近端部 1/3 处收缩，有曲毛 6～7 根。

生活习性 有翅蚜对黄色、橙色有强烈趋性，对银灰色具有驱避性。可营孤雌生殖和有性生殖两种生殖方式。

防治方法

参考萝卜蚜的防治方法。

桃蚜对甘蓝的为害

菾蝽

菾蝽（*Bagrada hilaris*）属半翅目蝽科。 在我国分布于海南、四川。

寄主植物 青花菜、花椰菜、甘蓝、萝卜、芥菜、白菜、芝麻菜等十字花科作物及甜菜、土豆、棉花、向日葵、木瓜、哈密瓜、粟、高粱、甘蔗、玉米、小麦和一些豆科作物。

为害特性 成虫和若虫刺吸植物的汁液，导致叶片呈现白色斑块或畸形；为害嫩叶，使其萎蔫，严重时干枯和死亡；取食幼苗顶端分生组织可致生长点死亡或变形，并引发不定芽，严重影响蔬菜的产量和品质。

形态特征

成虫：椭圆形，体长 5～7mm，黑色，密布刻点；头部两侧各有一黄色纵带，触角黑。前胸背板前缘处及前侧缘处最边缘以内为黄色，正中的宽纵纹黄色；小盾片中纵线黄红色，向后渐扩大，中央橙红色，侧缘基部及近端部各有一黄斑。翅革片近外缘处有一黄色纵纹，于近端部处向内扩大成黄斑。

若虫：一龄幼虫鲜红色，前胸、头、腿和触角颜色稍暗至黑色；随着龄期的增长，腹部仍保持红色，并出现一些黑色条纹和白色斑点。

生活习性 菾蝽具群集性。卵单个或约 10 个产在叶背、茎上和疏松的土壤里。一龄若虫停留在卵壳上或卵壳附近，二龄后才进食。

防治方法

农业防治：在蔬菜收获后及时清理田间的残株落叶及田间地头的杂草，并对土地进行翻耕晾晒，减少虫源基数。

化学防治：在低龄若虫盛发期用 4.5% 高效氯氰菊酯乳油 1 500～2 000 倍液，或 2.5% 溴氰菊酯乳油 2 000 倍液，或 40% 氰戊菊酯乳油 2 000 倍液，或 50% 噻虫胺水分散粒剂 2 000～3 000 倍液，或 25% 噻虫嗪水分散粒剂 1 500～2 000 倍液，或 70% 吡虫啉水分散粒剂 3 000 倍液喷雾防治。

成虫

若虫

菘蝽

芥菜

小白菜

菘蝽对芥菜和小白菜的为害

第3章

PART 3

茄科蔬菜害虫

[茄科蔬菜害虫]

棉叶蝉

棉叶蝉（*Empoasca biguttula*）别称棉叶跳虫、棉浮尘子、二点浮尘子、茄叶蝉，属半翅目叶蝉科。在我国分布于陕西、湖南、海南、广西、福建、河北、山东、河南、安徽、江苏、湖北、浙江、江西、台湾等地。

寄主植物 棉花、茄子、马铃薯、番茄、烟草、甘薯、空心菜、向日葵、萝卜、芝麻、桑、葡萄、紫苏等33科77种植物。

为害特性 成虫、若虫在寄主叶背吸食汁液，叶片受害后，先是叶片尖端及边缘变黄，并逐渐向叶片中部扩大。为害严重时，叶片出现烧焦、卷缩畸形，植株生长受阻，甚至枯死，严重影响作物产量。

形态特征

成虫：体长约3mm，头、胸部黄绿色；头冠淡黄绿色，在近前缘处有2个小黑点，黑点周围环绕白色纹；前胸背板前缘区具3个白色斑点，后缘中央有1个白点；小盾片黄色较深，盾片基部中央、二基侧角及侧缘各有1个白色斑点；前翅黄绿色透明，端部略灰暗，末端约1/3处居前、后缘正中有1个黑点；体腹面包括各足皆为淡黄绿色。

卵：长肾形，长约0.7mm，初产时无色透明，孵化前淡绿色。

若虫：初孵时无色半透明，后为淡绿色。头特别大，胸腹部狭小，口器、触角及6足均很长，复眼棕黑色。五龄若虫头部复眼内侧有2条斜走的黄色隆起，胸部淡绿色，中央灰白色，前胸背板后缘中央有2个小淡黑点，点外有黄色圆斑。

生活习性 成虫具趋光性，白天活动，在晴天高温时特别活跃，一受惊扰，迅速横行或逃走。卵散产于寄主植物中上部叶背面组织，以叶柄处最多。一、二龄若虫，常群集于叶片基部，成虫和三龄以上若虫一般多在叶背取食，喜食幼嫩的叶片，夜间或阴天常爬到叶片正面。

防治方法

农业防治：作物收获后，及时清理田间的残株落叶，集中处理或焚烧，减少虫源基数。

化学防治：在棉叶蝉高发期，用20%呋虫胺可溶粒剂1 500倍液，或43.7%甲维·丁醚脲悬浮剂1 500倍液，或2.5%溴氰菊酯乳油1 500倍液，或10%吡虫啉可湿性粉剂1 500倍液进行喷雾防治。

成虫　若虫　若虫

棉叶蝉

 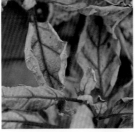

棉叶蝉对茄子的为害

101

第3章 茄科蔬菜害虫

[茄科蔬菜害虫]

茄二十八星瓢虫

茄二十八星瓢虫（*Henosepilachna vigintioctopunctata*）别称茄虱子、酸浆瓢虫、小二十八星瓢虫，属鞘翅目瓢虫科。在我国分布于大连、河北、河南、山东、陕西、江苏、浙江、安徽、四川、江西、湖南、湖北、福建、台湾、广东、广西、海南、贵州、云南、西藏等地。

寄主植物 茄科、葫芦科、豆科和十字花科等 40 余种植物。

为害特性 成虫、幼虫取食寄主叶肉，仅残留上表皮，形成许多不规则的灰褐色麻布状透明斑，严重时被害叶片在短期内坏死干枯；有时也可为害果实和嫩茎，取食果肉，导致被害果实变硬，有苦味而不堪食用，失去商品价值。

形态特征

成虫：体长约 6mm，身体半球形，红褐色，全体密生黄褐色细毛，每一鞘翅上各有 14 个黑斑，互相对称，其中第二列 4 个黑斑呈一直线。

卵：长约 1.2mm，炮弹形，初为淡黄色，近孵化为黄褐色，卵粒密集排列成块。

幼虫：初龄淡黄色，后变为白色纺锤形，中部膨大，背面隆起，体背各节生有整齐的枝刺，前胸及腹部第 8～9 节各有枝刺 4 根，其余各节为 6 根。

蛹：椭圆形，长约 5.5mm，初为淡黄色，羽化前背面显出淡黑色斑块，腹末包有幼虫末次蜕的皮。

生活习性 茄二十八星瓢虫以散居为主，偶有群集现象。成虫具假死性和一定趋光性，畏强光。成虫昼夜均能取食，耐饥饿力强。食料缺乏时，有自残与取食卵的习性。一般成虫羽化 3～5h 后开始取食、飞行，3～4d 后交配，可多次交配。产卵均在白天，卵块多产于中上部叶片背面。卵多在清晨孵化，同一卵块孵先边缘再中央，初孵幼虫常群集停留在卵块周围，5～6h 后开始扩散取食。幼虫扩散能力较弱，常活动于叶背，食料缺乏时具自残及取食卵的习性。老熟幼虫多在植株中下部叶背化蛹。

防治方法

　　农业防治：利用成虫的假死性进行捕捉，也可将带卵块叶片摘除处理，降低虫口基数。

　　化学防治：在卵孵化盛期至二龄幼虫期，用2.5%溴氰菊酯乳油1 500～2 000倍液，或45%高效氯氰菊酯乳油1 000倍液，或2.5%功夫乳油1 000～2 000倍液，或1.8%阿维菌素乳油2 000～3 000倍液，或0.3%苦参碱水剂500～800倍液喷雾防治。

成虫

卵

幼虫

茄二十八星瓢虫

茄二十八星瓢虫对茄子的为害

瘤缘蝽

瘤缘蝽（*Acanthocoris scaber*）别称辣椒缘蝽，属半翅目缘蝽科。在我国分布于北京、山东、安徽、江苏、浙江、福建、江西、湖南、湖北、四川、贵州、西藏、云南、广西、广东、海南、台湾等地。

寄主植物 桑、辣椒、马铃薯、番茄、茄子、烟草、蚕豆、甘薯、蕹菜、罗汉果、人心果、瓜类等作物。

为害特性 成虫、若虫刺吸寄主植物茎秆、嫩梢、叶柄、叶片、花梗、果实汁液，致使果实受害局部变褐、畸形，叶片卷曲、缩小、失绿，严重时造成落花落叶，出现秃头现象，甚至整株、成片枯死。

形态特征
成虫：黑褐色，被灰黄色绒毛，有瘤状突起及粗硬毛；头小，呈近方形；触角4节；复眼突起；前胸背板略似梯形，具许多颗粒瘤状，前侧缘稍向内凹，侧角突出，三角形；小盾片小，三角形，被前翅爪片完全包围，形成爪片结合缝；前翅前缘基部瘤突显著，膜片烟色，具许多平行纵脉，多数源于膜片基部的一条横脉上。足股节腹面有列短刺，背面顶端瘤突较长，后股粗大。足胫节背面具突起，中部有黄色环纹，背面具纵沟。

卵：长约1.5mm，浅赭色，椭圆形，底部平坦，背部呈穹形，卵壳表面光亮。

若虫：初孵时头、胸黄红色，足、触角、喙、腹背各节后缘血红色，其余黄色；出壳后约2h渐变化，头、胸、足、触角、喙灰黑色，腹部黄色；二龄呈浅灰黑色，具白色粗毛；三龄若虫体色较二龄深，足上粗毛明显，股节背面瘤突较大，中后胸出现翅芽；四龄灰褐色，前胸背板侧角露出，翅芽超过腹背第1节；五龄黑褐色，从头至翅芽有灰色绒毛组成的细纵中线，足胫节中段有白色环纹，触角端部两节基部黄红色，翅芽达腹背第4节前面。

生活习性 具群聚性、假死性。白天活动，晴天中午尤为活跃，成虫可作短距离飞翔，夜晚及阴雨天很少活动，多集中于植株中上部幼嫩叶片、叶柄、果柄、枝条上吸取汁液。卵多聚产于叶背，呈不规则排列。初孵若虫群集卵壳附近，不取食，三龄后开始转移到寄主嫩茎枝为害。

防治方法

农业防治：利用瘤缘蝽的假死习性，人工捕捉，集中杀死；或抹除低龄若虫及卵块。

化学防治：在瘤缘蝽若虫孵化盛期用 4.5% 高效氯氰菊酯乳油 1 000～1 500 倍液，或 10% 吡虫啉可湿性粉剂 800 倍液，或 10% 氯氰菊酯乳油 2 000 倍液，或 5% 氟啶脲乳油 1 500 倍液，或 1.8% 阿维菌素乳油 1 500 倍液进行喷雾防治。

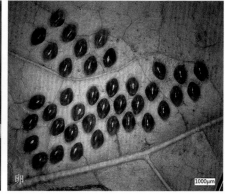

瘤缘蝽

瘤缘蝽对茄子和辣椒的为害

第4章 PART 4

瓜类蔬菜害虫

[瓜类蔬菜害虫]

实蝇

为害瓜类蔬菜的实蝇主要有瓜实蝇（*Zeugodacus cucurbitae*）及南瓜实蝇（*Zeugodacus tau*），均属双翅目实蝇科。瓜实蝇别称黄瓜实蝇、瓜小实蝇、瓜大实蝇、针蜂、瓜蛆，在我国分布于华南、华东及湖南、四川、贵州、云南等地。南瓜实蝇别称南亚果实蝇，为我国进境植物检疫性有害生物，在我国分布于海南、台湾、广东、广西、福建、浙江、江西、湖南、湖北、四川、云南、贵州、河南、山西、甘肃等地。

寄主植物

瓜实蝇：寄主包括丝瓜、苦瓜、南瓜、黄瓜、甜瓜、西瓜、冬瓜等100多种植物。

南瓜实蝇：寄主包括南瓜、丝瓜、黄瓜、甜瓜、苦瓜、葫芦、节瓜、西瓜、蛇瓜、佛手瓜、木瓜、番茄、茄子、辣椒、番石榴、柑橘、芒果、西番莲、人心果、蒲桃、菠萝蜜、阳桃、桃、菜豆、罗汉果等16科80多种植物。

为害特性

雌虫将产卵管刺入幼瓜、幼果表皮内产卵，刺伤处凝结流胶，畸形下陷，果皮变硬、瓜果味苦涩，品质下降。幼虫孵化后即钻进瓜果内蛀食，将瓜果蛀成蜂窝状，受害轻时瓜果虽不脱落，但生长不良，摘后易变软腐烂，不耐储存；受害重的，先局部变黄，而后全果腐烂变臭，大量落果，严重影响产量和品质。

形态特征

瓜实蝇：成虫体型似蜂，黄褐色至红褐色，体长约8mm。复眼茶褐色或蓝绿色，复眼间有前后排列的两个褐色斑。翅膜质、透明，亚前缘脉和臀区各有1长条斑，翅尖有1圆形斑，径中横脉和中肘横脉有前窄后宽的斑块。腿节淡黄色。腹部近椭圆形，向内凹陷如汤匙，腹部背面第3节前缘有一狭长黑色横纹，从横纹中央向后直达尾端有一黑色纵纹，形成一个明显的T形；产卵器扁平坚硬。卵长约0.8mm，乳白色，细长形，一端稍尖。老熟幼虫体长约10mm，蛆状，乳黄色，口钩黑色。蛹长约5mm，黄褐色，圆筒形。

南瓜实蝇：成虫黄褐至红褐色，体长 6～9mm。头黄色，颜面斑黑色 2 枚，中等大，头顶部有一短红色斑，额棕色。中胸背板黄褐色，具缝，后侧有 3 条黄色 3 条纹，缝后两侧的黄色条纹对称。胸部肩胛与横缝间及缝后色条之间有明显的黑色斑纹。小盾片黄色，具一狭窄黑色基带。翅前缘烟褐色。足腿节黄色，前、后足胫节褐色，中足胫节淡褐色。腹部黄棕色，第 2 节背板有褐色条，第 3 节背板前缘具暗褐色横带，第 4、5 节侧缘各有一暗棕褐色的斑，第 3～5 节背板有黑色中间纵条，此纵条有时被节间中断。卵椭圆形，乳白色。老熟幼虫体长约 10mm，黄白色，圆锥形，前端细长，后端宽圆，口钩黑色。蛹初为浅黄色，羽化前红褐色，第 2 节上可见前气门残留暗点，末节后气门稍收缩。

生活习性 成虫白天活动，飞翔迅捷，夏天白天中午高温烈日时静伏瓜棚或叶背等阴凉处，阴雨天及傍晚不喜活动。对糖、酒、醋及芳香物质有趋性。多在清晨和傍晚交配，喜将卵成堆或成排产于幼果上。幼虫孵化后在果实内取食，老熟幼虫从果实中穿孔而出，弹跳入土化蛹。

防治方法

农业防治：及时摘除被害瓜，将烂果、落果喷药及深埋。在发生严重地区，通过套袋保护幼果，避免成虫产卵。适时用水浸瓜地，杀死土中部分的蛹。

物理防治：利用性诱剂或毒饵诱杀成虫；大量释放不育雄虫，使交配产下的卵不能孵化，进而逐渐减少种群数量达到控害目的。

化学防治：在成虫发生高峰期，于晴天的早上或傍晚成虫最为活跃时段，喷施 2.5% 溴氰菊酯微乳剂 2 000～3 000 倍液，或 50% 敌敌畏乳油 1 000 倍液杀灭成虫，隔 3～5d 喷 1 次，连喷 2～3 次。

雄成虫

雌成虫

瓜实蝇

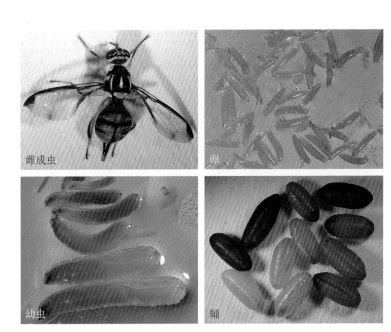

雌成虫

卵

幼虫

蛹

南瓜实蝇

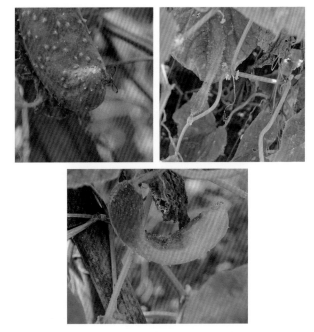

实蝇对黄瓜的为害

实蝇对有棱丝瓜的为害

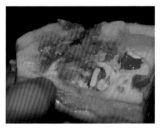

实蝇对苦瓜的为害

丝瓜　　　　　　节瓜　　　　　　葫芦

实蝇对丝瓜、节瓜和葫芦的为害

[瓜类蔬菜害虫]

瓜绢螟

　　瓜绢螟（*Diaphania indica*）别称瓜螟、瓜野螟、瓜绢野螟等，属鳞翅目草螟科，为瓜类蔬菜的常见害虫。在我国分布于山东、江苏、安徽、浙江、湖北、湖南、河南、福建、江西、四川、贵州、云南、广西、广东、海南、台湾、上海等地。

寄主植物 丝瓜、西瓜、冬瓜、黄瓜、苦瓜、甜瓜等葫芦科植物。

为害特性 初孵幼虫在叶背、嫩梢上取食，形成灰白色斑。三龄后幼虫吐丝将叶片或嫩梢缀合起来，躲在其中取食，造成叶片穿孔或缺刻，严重时仅剩叶脉。此外，幼虫还能啃食瓜皮，甚至潜入瓜内为害，造成瓜瓤腐败，严重影响瓜果产量和品质。

形态特征
　　成虫： 体长约11mm，头、胸部黑褐色；前后翅白色半透明状，略带紫光，前翅前缘和外缘均为黑褐色；腹部除第1、7、8体节外均为白色，尾节黑色且末端具黄色毛丛。足白色。
　　卵： 扁平，椭圆形，淡黄色，孵化前黑色，表面具网状纹。
　　幼虫： 老熟幼虫体长23～26mm，头部、前胸背板淡褐色，胸腹部草绿色，亚背线有两条较宽的乳白色纵带，气门黑色，各体节上有瘤状突起，并着生短毛。
　　蛹： 体长约14mm，初为淡绿色后变为深褐色，头部光滑尖瘦，外被薄茧。

生活习性 成虫昼伏夜出，趋光性弱，白天潜伏于杂草间或叶丛中，受惊后短距离飞行。雌蛾产卵具有趋嫩性，卵多散产于叶背。初孵幼虫在叶背取食，三龄后即吐丝缀叶，躲在其中为害，或蛀入幼果及花中为害，或潜蛀藤蔓。幼虫遇惊可吐丝下坠，转移他处为害。老熟幼虫可在被害卷叶内或在植株根际表土中作薄茧化蛹。

农业防治：采收完毕，及时清理残株落叶，消灭枯叶残株中留存的虫蛹，减少虫源基数；幼虫发生期，人工摘除卷叶，集中捏杀。

化学防治：在卵孵化盛期及幼虫低龄期用 19% 溴氰虫酰胺悬浮剂 2 500～3 000 倍液，或 2.5% 溴氰菊酯乳油 2 500～3 000 倍液，或 15% 茚虫威悬浮剂 3 000～4 000 倍液，或 10% 虫螨腈乳油 2 000～2 500 倍液进行喷雾防治，间隔 7d，连续防治 2 次。

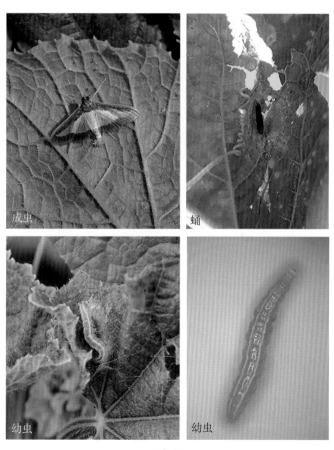

成虫　蛹　幼虫　幼虫

瓜绢螟

瓜绢螟对黄瓜的为害

瓜绢螟对苦瓜的为害

瓜绢螟对有棱丝瓜的为害

守瓜

为害瓜类蔬菜的守瓜主要为黄足黄守瓜（*Aulacophora femoralis chinensis*）和黄足黑守瓜（*Aulacophora lewisii*），均属鞘翅目叶甲科。黄足黄守瓜别称黄虫、黄萤、瓜守、黄守瓜，在我国各地均有分布。黄足黑守瓜别称柳氏黑守瓜、黄胫黑守瓜、黑瓜叶虫，在我国分布于安徽、福建、广东、广西、海南、湖北、江西、四川、云南、香港等地。

寄主植物

黄足黄守瓜：可为害黄瓜、南瓜、西葫芦、丝瓜、菜瓜、节瓜、苦瓜、西瓜、甜瓜、佛手瓜等葫芦科植物和十字花科、茄科、豆科共19科69种植物。

黄足黑守瓜：可为害黄瓜、西瓜、甜瓜、葫芦、丝瓜、笋瓜等葫芦科植物。

为害特性

守瓜成虫取食寄主植物的叶、嫩茎、花及幼果。在受害叶片上留下圆形或半圆形网孔或孔洞，受害严重时叶片仅剩网状叶脉，甚至干枯死亡。成虫取食寄主花苞或花朵，导致受害花朵无法结果。幼虫为害寄主根部，造成瓜秧萎蔫，严重时引起植株死亡。此外，幼虫也可蛀食贴地生长的瓜果，引起瓜果内部腐烂，失去食用价值。如果防治不及时往往造成较大幅度减产和瓜果品质降低。

形态特征

黄足黄守瓜：成虫为长椭圆形甲虫，橙黄色或橙红色，有光泽，仅复眼、上唇、后胸腹面和腹节为黑色。前胸背板长方形，鞘翅基部比前胸阔。卵近球形，黄色，表面有六角形蜂窝状网纹，近孵化时灰白色。初孵幼虫白色，以后头渐变为褐色，老熟时胸腹部黄白色。蛹乳白带有淡黄色，纺锤形。

黄足黑守瓜：成虫椭圆形，鞘翅、复眼和上颚顶端黑色，其余部分均呈橙黄色或橙红色。卵椭圆形，初产时黄色，近孵化时白色，表面有六角形蜂窝状网纹。幼虫长圆筒形，初孵黄白色，体表生有很多微毛，随着幼虫逐渐长大微毛逐渐消失。幼虫头部黄褐色，胸腹部黄白色，臀板腹面有肉质突起，腹部末节臀板长椭圆形，黑色，向后方伸出。蛹纺锤形，蛹体黄白色，头顶、腹部背面疏生褐色刚毛，腹部末端有巨刺2个。

生活习性 守瓜飞翔能力强，喜温湿和光。喜在晴天活动，以中午前后活动最盛，阴天不活动。黄足黄守瓜通常先以身体为中心旋转咬食，形成一个或半个圆环，然后在环内取食（黄足黑守瓜无此现象）。一般在降雨之后产卵，卵产于瓜根附近土壤中。幼虫孵化后即可为害细根，三龄以后钻入主根或近地面的根茎内部蛀食或钻入贴地瓜果内蛀食瓜肉，老熟后在为害部位附近土中做土室化蛹。

防治方法

农业防治：发生严重的区域宜采用全田地膜覆盖栽培，或在瓜幼苗出土后用纱网覆盖，在揭去纱网、引蔓上架的同时，在瓜苗茎基周围的土面上撒约1cm厚的草木灰、稻谷壳、锯木屑、糠秕等，防止成虫产卵和幼虫为害植株根部。

化学防治：成虫发生初期可选用10%氯氰菊酯乳油2 000～3 000倍液，或25%氰戊菊酯乳油2 000倍液，或10%溴氰虫酰胺可分散油悬浮剂1 500～2 000倍液，或100g/L溴虫氟苯双酰胺悬浮剂2 000～3 000倍液进行喷雾防治。幼虫可用20%氰戊菊酯乳油3 000倍液，或7.5%鱼藤酮乳油800倍液，或10%高效氯氰菊酯乳油1 500倍液喷淋或浇灌寄主根际进行防治。

黄足黄守瓜

黄足黑守瓜

黄足黄守瓜对黄瓜的为害

守瓜对丝瓜的为害

菜瓜

南瓜

黄足黄守瓜对菜瓜和南瓜的为害

有棱丝瓜

节瓜

黄足黄守瓜对有棱丝瓜和节瓜的为害

[瓜类蔬菜害虫]

瓜裂臀瓢虫

瓜裂臀瓢虫（*Henosepilachna septima*）属鞘翅目瓢虫科。在我国分布于云南、贵州、广东、广西、海南、台湾等地。

寄主植物 丝瓜、苦瓜、节瓜等葫芦科植物。

为害特性 成虫、幼虫取食寄主叶肉，仅残留上表皮，形成许多不规则的灰褐色麻布状透明斑，严重时被害叶片在短期内坏死干枯，影响植物的光合作用，影响作物产量。

形态特征

成虫：虫体周缘近于心形，背面拱起，体黄褐色；鞘翅端角内缘与鞘缝的连接处呈角状突出；前胸背板上的7个黑斑在多数个体中全部显现，也有全部消失；鞘翅上的基斑较大而变斑较小，但常出现全部基斑及变斑，斑点均不与鞘缝及鞘翅外缘相接触；腹面基色与背面相同，后胸腹板上有2个近于圆形的黑斑。

卵：炮弹形，初为淡黄色，近孵化黄褐色。

幼虫：老熟幼虫体长约9.0mm，背面拱突而有枝刺，呈梨形；体黄白色，无斑纹；触角3节，第2节为第1节长度的3倍，端部着生长刺毛1根，第3节很小，顶面着生1长刺毛和数个小突起；虫体背面枝刺黄白色，仅主枝端部2～3根侧枝褐色，且侧枝具细小刺毛；前胸左、右两侧近前缘处各着生枝刺2根，在这2根枝刺之间另着生1根细长的刺毛突起，这根刺毛突起上着生更为细小的刺毛；前胸厚皮板无颜色加深，同体色；中、后胸每侧枝刺3根，其中背区枝刺偏向外侧，基部与背侧区枝刺靠近，着生处无颜色加深；腹部第1～8节每侧均着生枝刺3根，两背区枝刺共同着生在一厚皮板上，枝刺着生处厚皮板亦无颜色加深。自第6腹节起，侧区枝刺的长度逐渐变短，至第8腹节时仅为毛瘤。

蛹：椭圆形，初为淡黄色，腹末包有幼虫末次蜕的皮。

生活习性 成虫具假死性和趋光性，但畏强光。以散居为主，偶有群集现象。产卵和取食均喜欢在成熟叶片上。卵块多产于中上部叶片背面。

幼虫取食前常常先用口器在寄主叶背咬一个圈，然后在圈内取食，老熟幼虫在叶背上化蛹。

防治方法

农业防治： 在产卵盛期摘除卵块，利用成虫的假死性进行捕捉等，压低虫口基数。

化学防治： 在卵孵化盛期至二龄幼虫期，可用 2.5%溴氰菊酯乳油1 500~2 000 倍液，或 4.5%高效氯氰菊酯乳油 1 000 倍液，或 1.8%阿维菌素乳油 1 500~2 000 倍液，或 2.5%高效氯氟氰菊酯乳油 1 000~2 000倍液，或 0.3%苦参碱水剂 500~800 倍液喷雾防治。

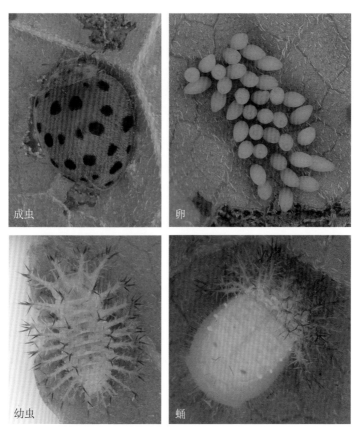

成虫

卵

幼虫

蛹

瓜裂臀瓢虫

瓜裂臀瓢虫对丝瓜的为害

瓜裂臀瓢虫对有棱丝瓜和苦瓜的为害

瓜蚜

瓜蚜（*Aphis gossypii*）别称棉蚜、草绵蚜、蜜虫，属半翅目蚜科，是一种世界性的多食性害虫。在我国除西藏、内蒙古和黑龙江之外均有分布。

寄主植物 花椒、石榴、鼠李、木槿、棉花、瓜类、柑橘、荔枝、无花果、杨梅、梨、桃、李、杏、梅、枇杷、山楂等 600 多种植物。

为害特性 成蚜和若蚜群集在寄主叶背、嫩梢、嫩茎、花蕾、幼果等部位刺吸汁液，致使叶片卷缩，枝梢不再发育花蕾、开花和结果。受害花蕾易枯死、脱落。其分泌蜜露，可诱发煤污病，不但影响植株的光合作用，导致植株生长停滞，而且污染瓜果，严重影响产量和品质。此外，瓜蚜还可传播西瓜花叶病毒、黄瓜花叶病毒、南瓜蚜传黄化病毒等 50 多种病毒病，造成更大的经济损失。

形态特征
成虫：无翅雌蚜体长 1.5～1.9mm，体黄绿色、绿色、深绿色；触角 6 节，绿色，第 5 节端部和第 6 节黑褐色；腹部末端有 1 对较长的圆筒形黑褐色腹管。尾片青绿色，舌头状，两侧有刚毛 2 对；有翅雌蚜体长 1.7～1.9mm，体黄色、浅绿色；复眼黑紫色或暗红色；触角 6 节，黑褐色；头和前胸背板黑色。有翅 2 对。腹部背面两侧有黑斑 3～4 对；腹管圆筒形，暗黑色。

卵：椭圆形，长 0.5～0.7mm，初产时橙黄色、绿色，后为漆黑色，有光泽。

生活习性 可营孤雌生殖和有性生殖两种生殖方式。有翅蚜对黄色、橙色有强烈趋性，对银灰色具有驱避性。

防治方法

农业防治：适时间苗、定苗、拔除虫苗，摘除虫叶，减少虫源；收获后应及时彻底清除残枝落叶，减少瓜蚜的繁殖场所。

物理防治：根据有翅蚜对黄色的趋性及对银灰色的驱避性，用黄板诱杀有翅蚜，用银灰色塑料膜覆盖地面，或在温室和大棚周围悬挂10～15cm宽的银灰色膜，驱避蚜虫。

化学防治：在零星发生的初期，用50%抗蚜威可湿性粉剂2 000倍液，或40%吡虫啉可湿性粉剂3 000～4 000倍液，或25%高效氯氟氰菊酯乳油2 000～3 000倍液，或1.8%阿维菌素乳油2 500～3 500倍液，或25%噻虫嗪水分散粒剂3 000～4 000倍液喷雾防治，每隔7d喷1次，连喷2～3次。

瓜蚜对瓠瓜的为害

瓜蚜对节瓜的为害

喙缘蝽

喙缘蝽（*Leptoglossus membranaceus*）属半翅目缘蝽科。在我国分布于云南、台湾和海南。

寄主植物 南瓜、黄瓜、西瓜、丝瓜、葫芦等葫芦科植物及豆类、柑橘等。

为害特性 成虫和若虫刺吸寄主植物茎秆和嫩梢的汁液，使得植物严重脱水，导致植株生长迟缓甚至死亡；刺吸花器汁液导致无法正常挂果，或瓜果脱落；刺吸瓜果汁液，导致瓜果畸形，影响产量和品质。

形态特征 成虫黑褐色至黑色，体长17～20mm。头长，向前延伸，复眼红褐色，单眼红色，复眼下方头的两侧纵纹、头中叶基部一小纵纹、复眼后单眼外侧纵纹、触角第2、3节中部及第4节大部为橙红色。触角第1节黑色，向端部渐粗大。前胸背板侧角突出，呈扁刺状，向上翘起，背板前区有一弓形橙色横纹。背板前缘及侧角后侧缘微呈锯齿状。前翅革质片区中央有1橙色小点，膜片黑褐色。前中足节腹面有刺1列，3～4个；后足腿节长，背面有刺1列，腹面有刺2列。后足胫节腹、背两面均强烈扩展，背面扩展部分常形成2～3个齿状突，腹面具橙色点。体下前、中胸侧板5个，后胸侧板有3个橙色斑。各胸腹板有橙色纵纹。

生活习性 喙缘蝽比较活跃，成虫和高龄若虫喜欢在瓜蔓之间进食或快速行走。初孵若虫群集于卵壳附近，当受到干扰时，会分散开，但通常稍后会重新聚集，二龄若虫亦喜欢群居，但三龄以后常分散开。成虫白天活动，晴天中午尤为活跃，具有较强的飞行能力，受到惊扰会飞起来。

防治方法

农业防治：作物采收完毕后及时清理残株落叶，并集中处理或焚烧，消灭残留的若虫及卵，压低虫口基数。

化学防治：在低龄若虫期，用2.5%溴氰菊酯乳油1 000倍液，或5%

啶虫脒微乳剂1 500～2 000倍液，或50％噻虫胺水分散粒剂2 000～3 000倍液，或25％噻虫嗪水分散粒剂1 500～2 000倍液，或2.5％高效氯氟氰菊酯悬浮剂2 000～3 000倍液，或25％噻嗪酮可湿性粉剂2 000～3 000倍液进行喷雾防治。

成虫

卵

若虫

喙缘蝽

喙缘蝽对黄瓜的为害

喙缘蝽对有棱丝瓜的为害

短角瓜蝽

短角瓜蝽（*Megymenum brevicornis*）别称无刺瓜蝽，属半翅目蝽科兜蝽亚科。 在我国分布于河北、安徽、浙江、湖北、江西、湖南、福建、广东、海南、广西、四川、贵州、云南、西藏等地。

寄主植物 南瓜、黄瓜、冬瓜、节瓜、佛手瓜、丝瓜、豆角、油茶等植物。

为害特性 成虫、若虫刺吸寄主瓜藤的汁液，造成瓜藤枯黄、凋萎，影响植株的生长发育。

形态特征 成虫长椭圆形，体长 11.5～16.0mm，棕黑色至深黑色，布满同色刻点，有些个体被白粉。头侧叶长于中叶，相接于中叶前方后再分开，侧缘向上翘起，中部凹陷。复眼突出，略具柄，黑色。触角与体同色，端部半节暗棕色。前胸背板前、后缘直，前侧角约呈直角，前侧缘具2个浅内凹，侧角略突出，表面凹凸不平，前缘中央有1个半球状突起。小盾片基部中央呈三角形隆起，近基角处具1斜深凹陷，后半部较平。前翅膜片有白色粉被，不透明。侧接缘外露，每节具2个锯齿状突起，前小后大。腹面及足棕黑至黑色，各足腿节生2列刺突，雌虫后足胫节内侧有1个长椭圆形海绵窝。

生活习性 成虫、若虫喜荫蔽，白天光强时常躲在枯黄的卷叶里、近地面的瓜蔓或蔓的分枝处，多在寄主兜部至3m高处的瓜蔓、卷须基部、腋芽处为害，低龄若虫有群集性。成虫把卵产在蔓基下、卷须上，个别产在叶背，多成单行排列。

防治方法

参考喙缘蝽的防治方法。

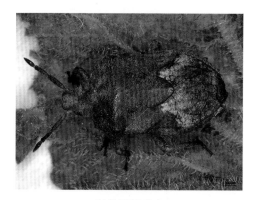

短角瓜蝽成虫

黄瓜

有棱丝瓜

短角瓜蝽对黄瓜和有棱丝瓜的为害

第 5 章　PART 5

多食性害虫

[多食性害虫]

斜纹夜蛾

斜纹夜蛾（*Spodoptera litura*）别称莲纹夜蛾、莲纹夜盗蛾，属鳞翅目夜蛾科，为世界性害虫。在我国除青海及新疆外，其他地区均有分布。

寄主植物 蕨类植物、裸子植物、双子叶植物、单子叶植物共计 109 科 300 多种植物。包括豆类、茄果类及十字花科蔬菜等。

为害特征 幼虫取食寄主植物叶片，致使叶片缺刻、形成大面积网状孔洞，严重时可将植物吃成光秆，仅剩老叶柄，严重时可将全田作物吃光；取食花蕾、花，影响作物的正常结果；取食果实，严重影响作物的产量及品质。在甘蓝、白菜上可蛀入叶球、心叶，并排泄粪便，造成污染和腐烂，使之失去商品价值。

形态特征

成虫：体长 14～20mm，头、胸、腹均深褐色。胸部有白色丛毛；腹部背面中央有暗褐色丛毛；前翅灰褐色，斑纹复杂（雄虫较深），内横线及外横线灰褐色，呈波浪形，有白色条纹，环纹不明显，肾纹前部呈白色，后部黑色，环纹与肾纹之间由 3 条白线组成明显较宽的纹。自基部向外缘有 1 条白纹。后翅白色，仅翅脉及外缘呈暗褐色。前足胫节有淡黄褐色丛毛，跗节暗褐色。

卵：半球形，直径 0.4～0.5mm，初产时黄白色，近孵化时紫黑色，卵壳表面纵棱花冠直达底部。

幼虫：老熟幼虫体长 35～50mm，胴部体色多变，有土黄色、青黄色、灰褐色和暗绿色等。胸腹带上有近似三角形的黑斑各 1 对，其中以第 1、7、8 腹节的黑斑最大，中后胸的黑斑外侧有黄白色小点。背线及亚背线常呈黄色。气门黑色，胸足近黑色。腹足暗褐色。

蛹：圆筒形，长 15～20mm，赤褐色至暗褐色，腹部近前缘处各密布圆形小刻点，末端有 1 对强大臀刺，气门黑褐色，呈椭圆形并隆起。

生活习性 成虫对光、糖醋液及发酵物质具趋性，昼伏夜出，白天一般躲藏在植株茂密处、落叶下、土块缝隙或杂草丛中，日落后飞出取食、交配、产卵。卵多产在边际作物上，以植株中部叶片背面的叶脉分叉处产卵最多。初孵幼虫群集于卵块附近取食，稍遇惊扰就四处爬散或吐丝下垂，随风飘散。二龄开始分散为害。低龄幼虫白天和晚上均可取食为害。四龄后进入暴食期，畏光，一般在傍晚和夜间取食，白天躲藏在寄主植株中下部老叶背面、土表阔叶杂草下和土缝中。高龄幼虫具假死性，稍有惊动即坠地。虫口密度过高时，幼虫具有自相残杀现象和成群迁移的习性。幼虫老熟后入土作土室化蛹。

防治方法

农业防治：及时清除残茬及田间杂草，减少虫源；摘除带卵和带虫叶片，并集消毁。

物理防治：利用斜纹夜蛾成虫具有较强的趋光性和趋化性特点，在成虫发生期，用频振式杀虫灯或糖醋液（红糖6份＋米醋3份＋白酒1份＋水10份＋毒死蜱适量）诱杀成虫。

生物防治：斜纹夜蛾具有丰富的天敌，捕食性天敌如蝽类、蜘蛛、草蛉、瓢虫等，寄生性天敌如茧蜂、姬蜂，病原微生物如白僵菌、核型多角体病毒、微孢子等。因此在防治斜纹夜蛾时，应注意保护天敌，选择对天敌低毒的杀虫剂。

化学防治：在卵孵化盛期及低龄幼虫盛发期，在傍晚时用3%甲氨基阿维菌素苯甲酸盐微乳剂1 500倍液，或10%虫螨腈乳油2 000～2 500倍液，或5%氟啶脲或氟虫脲乳油1 000倍液，或25%氯虫·氯氟氰微囊悬浮剂1 500倍液，或30%氯虫·噻虫嗪悬浮剂2 000倍液，或20%阿维·虫螨腈悬乳剂2 000～3 000倍液，或25%灭幼脲乳油500～1 000倍液，或60g/L乙基多杀菌素悬浮剂1 500～2 000倍液喷雾防治，喷药时注意叶面叶背均要喷匀。

成虫

幼虫

蛹

斜纹夜蛾

斜纹夜蛾对四季豆的为害

斜纹夜蛾对豇豆的为害

斜纹夜蛾对大豆的为害

斜纹夜蛾对辣椒的为害

番茄

茄子

斜纹夜蛾对番茄和茄子的为害

甘蓝

芥菜

斜纹夜蛾对甘蓝和芥菜的为害

[多食性害虫]

甜菜夜蛾

甜菜夜蛾（*Spodoptera exigua*）别称白菜褐夜蛾、贪夜蛾、玉米夜蛾，属鳞翅目夜蛾科，是一种世界性害虫。在我国分布于广东、上海、江苏、浙江、湖南、湖北、贵州、江西、安徽、海南、广西等地。

寄主植物 大豆、豇豆、四季豆、秋葵、大葱、甘蓝、花椰菜、芥蓝、白菜、菜心、小白菜、青花菜、萝卜、胡萝卜、芹菜、芦笋、蕹菜、菠菜、苋菜、辣椒、茄子、番茄等共 35 科 170 多种植物。

为害特性 初孵幼虫群集叶背取食叶肉，留下表皮成透明小孔，三龄后可将叶片食成孔洞或缺刻，严重时仅余叶脉和叶柄。幼虫还可钻蛀寄主的果实，造成落果、烂果，失去商品性，造成严重经济损失。

形态特征

成虫： 长 8～13mm，灰褐色；触角有纤毛，下唇须灰白色；前翅前缘有一暗褐色小斑，肾纹与环纹灰黄色，有一显著细边，后翅半透明银白色，外缘呈灰褐色，其前方有一列半月形灰褐色点；胸部背面灰色，腹部各节有白色横纹，腹基部有一毛块。

卵： 馒头形，直径约 0.5mm，上有放射状纹。

幼虫： 长约 26mm，体色变化大，从淡绿、黑绿至暗褐色，气门下线为青色和浅黄色纵带，气门后上方有圆形白斑，胸足、腹足均为褐色。

生物习性 成虫具有强的趋光性和迁徙性，昼伏夜出，白天隐藏在杂草、土缝、枯枝落叶的浓荫处，夜间进行取食、交尾、产卵等活动。卵多产在植株较嫩的叶片背面，少数产在叶面或杂草上。初孵幼虫在叶片上群集为害，取食叶肉，留下表皮，被害部位呈条状半透明薄膜或条状破孔，三龄后分散为害，导致被害叶片孔洞或缺刻。幼虫具假死性和畏光性，稍受惊即卷成 C 状，滚落到地面；喜早晨、傍晚和夜间出来取食，阴天可全天为害。低龄幼虫主要集中在植株中上部为害，随着虫龄的增加，幼虫在植株上的分布重心逐渐下移。

参考斜纹夜蛾的防治方法。

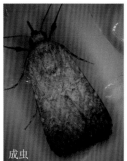
成虫

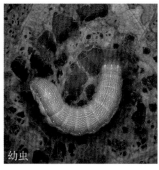
幼虫

蛹

甜菜夜蛾

甜菜夜蛾对大豆的为害

甜菜夜蛾对豇豆和四季豆的为害

甜菜夜蛾对辣椒和秋葵的为害

甜菜夜蛾对菜心、小白菜和芥菜的为害

花蓟马

花蓟马（*Frankliniella intonsa*）别称台湾蓟马，属缨翅目蓟马科。在我国各地均有分布。

寄主植物 水稻、棉花、甘蔗、瓜类、茄果类、豆类等。

为害特性 成虫和若虫锉吸寄主植物的茎、叶、花、果实等器官的汁液。叶部受害常出现银灰色条斑，严重时致使叶片枯焦萎缩，引起落叶，影响植株长势。花被害后出现点状斑纹或横条，严重时花冠变形、萎蔫甚至花朵干枯，影响结果或花的观赏价值；果实受害，表皮粗糙，呈现锈褐色疤痕并生长缓慢，果实瘦小畸形甚至脱落，造成产量和品质下降。此外，花蓟马还可传播多种病毒，造成更严重的经济损失。

形态特征

成虫：体长 1.3～1.7mm，体浅黄棕色至深棕色，头、胸色略淡，触角第 3～4 节和第 5 节基部橙黄色，其余棕色到深棕色；前足股节端部、胫节、跗节，中足胫节端部及跗节黄色，其余均为棕色；前翅浅黄棕色，基部稍浅，后翅透明，纵脉较深，腹部同体色，2～8 节前缘暗带较明显。主要鬃暗；雄虫与雌虫形态相似，但体形较小，体色较浅。

若虫：二龄若虫体长约 1mm，基色黄；复眼红；胸、腹部背面体鬃尖端微圆钝；第 9 腹节后缘有一圈清楚的微齿。

生活习性 花蓟马成虫具很强趋花性，常聚集在花内为害。卵大部多产于花器上。

防治方法

农业防治：清除田间地头杂草，恶化花蓟马的生存环境。

物理防治：可用蓝色诱虫板诱杀成虫，减少田间虫口基数。

生物防治：在花蓟马发生初期，可释放小花蝽、捕食螨等天敌进行防治；防治花蓟马时注意选用对天敌安全的药剂。

化学防治：根据花蓟马的趋花习性，喷药时重点喷施植物花器，可选用 60g/L 乙基多杀菌素悬浮剂 1 500～2 000 倍液，或 5% 啶虫脒乳油 1 500～2 000 倍液，或 70% 吡虫啉水分散粒剂 1 500～2 000 倍液，或 45% 甲维·虱螨脲水分散粒剂 2 500 倍液，或 5% 氟啶脲或氟虫脲乳油 1 000 倍液进行喷雾防治，间隔 4～5d，连续用药 2 次，注意药剂轮换。

花蓟马成虫

节瓜

黄瓜

豇豆

花蓟马对节瓜、黄瓜和豇豆的为害

花蓟马对辣椒的为害

棕榈蓟马

棕榈蓟马（*Thrips palmi*）别称节瓜蓟马，属缨翅目蓟马科，是外来入侵物种之一。在我国分布于海南、广东、广西、云南、湖南、湖北、四川、贵州、福建、浙江、江苏、上海、山东、河南、河北、辽宁、吉林、西藏等地。

寄主植物 冬瓜、西瓜、甜瓜、黄瓜、节瓜、十字花科蔬菜、菠菜、枸杞、苋菜、茄子、番茄、辣椒、烟草等40科200余种植物。

为害特性 成虫和若虫锉吸寄主植物嫩梢、嫩叶、花和幼果的汁液，受害叶片出现斑点，表面变皱甚至畸形，嫩梢僵缩，节间缩短，植株生长缓慢；受害花器凋萎而不结果；受害果实表皮粗糙呈现锈褐色疤痕并生长缓慢、瘦小畸形甚至脱落，造成产量和品质下降。此外，棕榈蓟马还可传播花生黄斑病毒、番茄斑萎病毒、甜瓜黄斑病毒等植物病毒病，造成作物重大损失。

形态特征

雌成虫：淡黄色至橙黄色，长约1mm，头近方形；3只单眼红色，呈三角形排列，单眼间鬃位于单眼间连线外缘；触角7节，第1、2节和第3节基部为淡白色，第3节端部为淡褐色，第4、5节基部淡黄色，第4～7节褐色；翅2对，狭长，周缘具长毛，前翅具10根上脉鬃，11根下脉鬃；前翅及足淡黄色。

卵：长椭圆形，长约0.2mm，为无色透明或乳白色。

若虫：初孵白色，复眼红色；一、二龄若虫淡黄色至黄绿色；三龄若虫淡黄白色；四龄若虫黄色。

生活习性 棕榈蓟马成虫能飞善跳，可借助气流作远距离迁飞。具较强的趋光、趋嫩和趋蓝性。营两性生殖和孤雌生殖。卵散产于植株嫩梢、嫩叶及幼果组织中。一、二龄若虫在寄主幼嫩组织背光面取食和活动，二龄末期落入土中化蛹。

防治方法

农业防治：采用抗性品种，培育健壮植株以提高植株的抗逆性。覆盖地膜，阻断棕榈蓟马入土化蛹，降低棕榈蓟马虫口密度。

物理防治：利用棕榈蓟马成虫趋蓝性，可用蓝色粘虫板诱杀成虫；根据成虫对银色具驱避性，可覆盖银色地膜驱避成虫。

生物防治：充分利用捕食性天敌如小花蝽、捕食螨等，以及病原微生物如白僵菌、绿僵菌、蜡蚧轮枝菌等生防资源防治棕榈蓟马，减少化学药剂使用。

化学防治：在棕榈蓟马发生初期可用 60g/L 乙基多杀菌素悬浮剂 1 500～2 000 倍液，或 5% 啶虫脒乳油 1 500～2 000 倍液，或 70% 吡虫啉水分散粒剂 2 000～2 500 倍液，或 45% 甲维·虫螨脲水分散粒剂 2 500 倍液喷雾防治。

棕榈蓟马对节瓜的为害

棕榈蓟马对茄子的为害

烟粉虱

烟粉虱（*Bemisia tabaci*）别称棉粉虱、甘薯粉虱等，属半翅目粉虱科。在我国分布于广东、广西、海南、福建、云南、上海、浙江、江西、湖北、四川、陕西、新疆、河北、天津、山东、北京、山西、台湾等地。

寄主植物 茄科、葫芦科、豆科、十字花科、菊科、大戟科、旋花科、苋科、藜科、伞形科、玄参科、唇形科、蔷薇科、桑科、葡萄科等600多种植物。

为害特性 成虫和若虫聚集在寄主植物叶背吸食汁液，被害叶片叶面出现褪绿斑点，影响植株长势，严重时叶片、果实脱落。分泌蜜露，可诱发煤污病，影响植物光合作用，从而影响作物产量和品质。此外，烟粉虱还可传播番茄黄化曲叶病毒、番茄斑驳花叶病毒、南瓜曲叶病毒等300多种植物病毒病，引起更严重的损失。

形态特征

成虫：体淡黄白色到白色，长约1mm；复眼红色，单眼2个；触角7节；翅白色无斑点，被白色蜡粉；前翅有2条翅脉，第一条翅脉不分叉，停息时左右翅合拢呈屋脊状，两翅中间可见到黄色腹部。

卵：椭圆形，长约2mm，有小柄，初产时淡黄绿色，孵化前琥珀色至深褐色。

若虫：椭圆形，淡绿色至黄色；一龄若虫有3对发达且各具4节的足和1对具3节的触角，腹末端有2对明显的刚毛，腹部平，背部微隆起。二、三龄若虫足和触角退化至1节，体缘分泌蜡质。

伪蛹：椭圆形，淡绿色或黄色，体长约0.70mm，蛹壳边缘扁薄或自然下陷，无周缘蜡丝；胸气门和尾气门外常有蜡缘饰，在胸气门处呈左右对称，管状孔呈三角形，孔后端有小瘤状突起，有1对尾刚毛。

生活习性 烟粉虱成虫具明显趋嫩性，主要活动于植株顶部嫩叶，并随着植株的生长向上部移动，在植株上形成上部叶分布成虫、中下部叶分布卵、若虫和蛹的状态。成虫畏光，主要活动于叶背或背光的地方。若虫孵化后可做短距离游走，一旦成功取食寄主的汁液，就固定位置直到羽化成成虫。

防治方法

　　农业防治：作物收获后，要彻底清除残枝、落叶及田间杂草，减少烟粉虱虫口数量；提倡水旱轮作、稻菜轮作，或改种烟粉虱不喜食作物。

　　物理防治：利用烟粉虱成虫对黄色具强烈趋性，可在田间设置黄板诱杀成虫。

　　生物防治：烟粉虱具有丰富的生防资源，如寄生蜂、草蛉、瓢虫、白僵菌、蜡蚧轮枝菌等，因此在开展烟粉虱的防治时可保护和利用生防资源。

　　化学防治：在烟粉虱初发时，用22.4%螺虫乙酯悬浮剂2 000倍液，或25%噻嗪酮可湿性粉剂1 000～1 500倍液，或10%吡虫啉可湿性粉剂2 000倍液，或5%啶虫脒微乳剂1 500倍液，或35%呋虫·哒螨灵1 000倍液，或25%噻虫嗪水分散粒剂2 500～5 000倍液等喷雾，隔7～10d喷1次，连续喷2～3次。针对烟粉虱傍晚活动能力下降的弱点，宜在傍晚用药。

成虫　　卵　　若虫　　伪蛹

烟粉虱

烟粉虱对大豆的为害

茄子　茄子　豇豆

烟粉虱对茄子和豇豆的为害

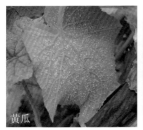

黄瓜　有棱丝瓜　小白菜

烟粉虱对黄瓜、有棱丝瓜和小白菜的为害

煤污病

烟粉虱对辣椒的为害及诱发的煤污病

[多食性害虫]

斑潜蝇

为害瓜类蔬菜的斑潜蝇主要有三叶斑潜蝇（*Liriomyza trifolii*）和美洲斑潜蝇（*Liriomyza sativae*），均属双翅目潜蝇科。三叶斑潜蝇别称三叶草斑潜蝇，为我国检疫性害虫，在我国分布于广东、广西、海南、福建、浙江、江苏、山东、河北、安徽、湖北、河南、江西和台湾等地。美洲斑潜蝇在我国分布于广东、广西、云南、福建、江西、湖南、湖北、贵州、四川、浙江、江苏、安徽、河南、河北、山东、辽宁等地。

寄主植物

三叶斑潜蝇：寄主包括菊科、葫芦科、茄科、伞形科、毛茛科、十字花科、锦葵科、豆科和禾本科等 25 科 300 多种植物。

美洲斑潜蝇：寄主包括烟草、番茄、茄子、辣椒、豇豆、蚕豆、大豆、菜豆、芹菜、甜瓜、西瓜、黄瓜、冬瓜、丝瓜、西葫芦、苦瓜、节瓜、樱桃、人参果、白菜、油菜、棉花等 26 科几百种植物。

为害特性

斑潜蝇幼虫在寄主叶表皮组织下蛀食，形成蛇形弯曲的不规则隧道，可明显降低植物的光合作用，导致植物叶片枯萎脱落。在植株幼苗期为害可使植株发育推迟，严重时可使植株枯死，严重影响作物产量和观赏植物经济价值。

形态特征

三叶斑潜蝇：成虫额黄色，内、外顶鬃均着生于黄色区域，触角第 3 节黄色。中胸背板黑色，带灰白色绒毛被，背中鬃 1＋4，中鬃前面部分 3 或 4 列，后面减至 2 列，中侧片下缘有灰黑色小斑。足基节黄色，腿节大部分黄色，有大小不定的棕色斑，胫、跗节棕褐色。卵米色，半透明，长 0.2～0.3mm。幼虫刚孵化时无色略透明，后渐变为浅黄色。蛹椭圆形，腹面略扁平，初产时浅橙黄色，后为金褐色。

美洲斑潜蝇：成虫额鲜黄色，侧额上面部分色深，甚至黑色，外顶鬃着生于黑色区域，内顶鬃着生于黑黄交界处，触角第 3 节黄色。中胸背板黑色，背中鬃 1 + 3，中鬃呈不规则 4 列，中侧片黑色区域大小有变化。足基节、腿节鲜黄色，胫、跗节色深。雄虫外生殖器端阳体豆荚状，柄部短。卵长椭圆形，长 0.3～0.4mm，初期为淡黄白色，后为淡黄绿色。初孵幼虫淡黄色，中期淡黄橙色，老熟幼虫黄橙色。体圆柱形，稍向腹面弯曲，各体节粗细相似，前端稍细，后端粗钝。蛹椭圆形，初为淡黄色，中期黑黄色，羽化前银灰色至黑色。蛹体末节背面有后气门 1 对，分别着生于左右锥形突上，每个后气门端部有 3 个指状突，中间指状突稍短，气门孔位于指状突顶端。肛门位于蛹腹部腹面第 7～8 节中线上。

生活习性

三叶斑潜蝇：成虫以产卵器刺伤寄主叶片，吸食汁液，雌虫把卵产在部分伤孔表皮下。幼虫取食叶肉，在叶表皮组织下蛀食成蛇行弯曲的不规则白色隧道，末龄幼虫咬破叶表皮，爬离潜道，在叶片上或落至土中化蛹。

美洲斑潜蝇：成虫羽化当日即可交配，交配 3～5h 后即可产卵。卵一般产在植株第 3、4 片真叶刺孔内。成虫对黄色有趋性。幼虫取食时，头不停地左右摆动，尾部也随之左右倾斜，使身体向前移动，同时将粪便排泄至潜道两侧。老熟幼虫在潜道末端咬破叶表皮，爬离潜道，在叶片上或落至土中化蛹。

防治方法

农业防治：及时摘除有虫叶片，带出田集中焚烧或深埋。在蛹期增加土壤湿度，抑制蛹的羽化，降低虫口基数。

物理防治：根据斑潜蝇成虫对黄色具有强烈趋性，利用黄色诱虫板诱杀成虫。此外，也可采用 40 目以上的防虫网阻隔。

生物防治：斑潜蝇具有大量的捕食性和寄生性天敌，进行化学防治时，应尽量选用对天敌安全的药剂。此外，可使用鱼藤酮等生物药剂对斑潜蝇进行防治。

化学防治：在斑潜蝇卵孵化盛期及低龄幼虫盛发期，用 2% 灭蝇胺可溶性粉剂 1 500～2 000 倍液，或 1.8% 阿维菊素乳油 1 500～2 000 倍液，或 19% 溴氰虫酰胺悬浮剂 1 500～2 000 倍液，或 25g/L 溴氰菊酯乳油 1 500～2 000 倍液喷雾防治。

幼虫

蛹

成虫

三叶斑潜蝇

斑潜蝇对大豆的为害

斑潜蝇对豇豆的为害

斑潜蝇对有棱丝瓜的为害

斑潜蝇对四季豆、节瓜、菜瓜和苦瓜的为害

[多食性害虫]

叶螨

为害瓜类蔬菜的叶螨主要有二斑叶螨（*Tetranychus urticae*）和朱砂叶螨（*Tetranychus cinnabarinus*），均属蜱螨目叶螨科，为世界性害螨，在我国广泛分布。二斑叶螨别称二点叶螨、叶锈螨、棉红蜘蛛、普通叶螨。

寄主植物

二斑叶螨：寄主包括蔬菜、大豆、花生、玉米、高粱、苹果、梨、桃、杏、李、樱桃、葡萄、棉花等多种作物。

朱砂叶螨：寄主包括菜豆、豇豆、大豆、茄子、辣椒、青椒、番茄、黄瓜、节瓜、苦瓜、甘蓝、白菜、棉花、木薯等100多种作物。

为害特性 叶螨群集在叶背取食汁液，受害叶片正面为灰白色，后逐渐变黄，卷叶，甚至干枯脱落，茎部、果柄、萼片及果实变灰褐色或黄褐色；受害严重时植株矮小，落叶、落花、落果，严重影响瓜菜的产量和品质。

形态特征

二斑叶螨：雌成螨椭圆形，长0.42~0.56mm，足4对，体色呈淡黄色或黄绿色。体躯两侧有暗色板，但滞育型暗色斑逐渐消退。肤纹突呈较宽阔的半圆形。雄成螨体较小，头、胸部近圆形，腹末稍尖。阳具端弯向背面，两侧突起尖利。

朱砂叶螨：雌成螨椭圆形，长0.41~0.50mm，体色黄绿色或橙红色，背面两侧有暗色斑，背毛光滑，刚毛状，不着生在疣突上，背毛6列，共24根。无臀毛，肛毛2对，有生殖皱褶纹。雄螨比雌螨小，体末略尖，呈菱形，背毛7列，共26根，阳茎有明显的钩部和须部，须部两侧突起较尖。

生活习性 叶螨可进行孤雌生殖和两性生殖，喜群集于叶背主脉附近并吐丝结网于网下为害，大发生或食料不足时常千余头群集叶端成一团。有吐丝下垂借风力扩散传播的习性。高温、低湿适于发生。

　　农业防治：作物收获后，彻底清除田间残株和杂草，减少虫源；合理轮作，可实行瓜、豆、茄等果菜类与葱蒜类轮作，水利条件好的地区，可实行水旱轮作，以破坏叶螨的栖息场所，减少叶螨的发生与为害。

　　生物防治：叶螨具有丰富的天敌，如巴氏新小绥螨、巴氏钝绥螨、智利小植绥螨和尼氏真绥螨等，在叶螨密度低时可利用天敌控制。

　　化学防治：在发生高峰期，可用43%联苯肼酯悬浮剂2 000倍液，或240g/L螺螨酯悬浮剂4 000～6 000倍液，5%阿维菌素悬浮剂4 000～5 000倍液，20%丁氟螨酯悬浮剂1 500倍液，或20%乙螨唑悬浮剂1 500倍液喷雾，间隔3～5d喷1次，连续喷2次。

叶螨对大豆和豇豆的为害

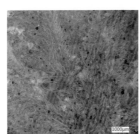

叶螨对番茄的为害

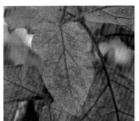

叶螨对茄子的为害

辣椒　　　　辣椒　　　　节瓜

叶螨对辣椒、节瓜的为害

附录 I

瓜菜害虫天敌图鉴

蝽类

小花蝽（*Orius* sp.）

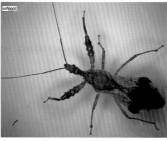

轮刺猎蝽（*Scipinia horrida*）

西沙大眼长蝽
（*Geocoris xishaensis*）

南亚大眼长蝽
（*Geocoris ochropterus*）

149

附录一 瓜菜害虫天敌图鉴

叉角厉蝽（*Cantheconidae furcellate*）

曙厉蝽（*Eocanthecona concinna*）

纹彩猎蝽（*Euagoras plagiatus*）

黑尾土猎蝽（*Coranus spiniscutis*）

瓢虫类

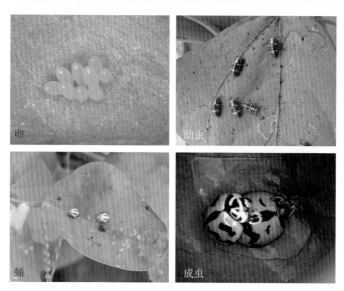

卵　幼虫　蛹　成虫

六斑月瓢虫（*Menochilus sexmaculatus*）

龟纹瓢虫（*Propylea japonica*）

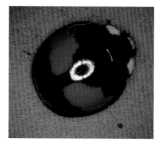

双带盘瓢虫（*Lemnia biplagiata*）

狭臀瓢虫
（*Coccinella transversalis*）

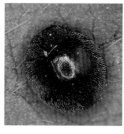

毛艳瓢虫
（*Pharoscymnus* sp.）

小毛瓢虫
（*Scymnus* sp.）

附录Ⅰ　瓜菜害虫天敌图鉴

草蛉

卵　　幼虫

蛹　　成虫

草蛉

食蚜蝇

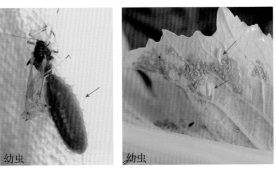

幼虫　　幼虫

食蚜蝇幼虫

斑眼食蚜蝇　　　　　　刺腿食蚜蝇
（*Eristalinus* sp.）　　　　（*Ischiodon* sp.）

寄生蜂

烟粉虱寄生蜂　　　　　　斑潜蝇幼虫寄生蜂

蝽类卵寄生蜂

银纹夜蛾幼虫寄生蜂　　　　　　　　姬蜂

蛾类幼虫寄生蜂　　　　　　　　细蛾幼虫寄生蜂

蜘蛛类

猫蛛（*Oxyopes* sp.）

伊氏蛛
（*Ebrechtella* sp.）

宽胸蝇虎
（*Rhene* sp.）

肖蛸
（*Tetragnatha* sp.）

鬼蛛
（*Neoscona* sp.）

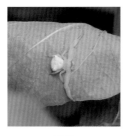
蟹蛛
（*Thomisus* sp.）

跳蛛
（*Carrhotus* sp.）

艳蛛
（*Epocilla* sp.）

新园蛛
（*Neoscona* sp.）

其他

塔六点蓟马

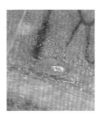
捕食螨

螳螂

长足虻

附录 II

瓜菜害虫防治常用杀虫剂

农药类别	代表性农药	作用方式	防治对象	其他特点
有机磷类	丙溴磷	触杀、胃毒	小菜蛾、棉铃虫、蚜虫、蓟马	无内吸性,具杀卵作用,速效性好,残效期短
	马拉硫磷	触杀、熏蒸	跳甲、蚜虫、食心虫、造桥虫、蝗虫、叶蝉、象甲、螨类害虫、介壳虫	无内吸作用,速效性好
	敌敌畏	触杀、胃毒、熏蒸	菜粉蝶、跳甲、甜菜夜蛾、卷叶蛾、介壳虫、蚜虫、象甲	速效性好、残留期短
	辛硫磷	触杀、胃毒	菜粉蝶、蚜虫、棉铃虫、蛴螬、螨	具内渗作用,无内吸作用,对紫外线敏感,对菊酯类农药有抑制作用
氨基甲酸酯类	异丙威	触杀、胃毒、熏蒸	蚜虫、叶蝉	具内吸性,速效性好,持效期短
	仲丁威	触杀、胃毒、熏蒸	蚜虫、飞虱、叶蝉	速效性好,持效期短
拟除虫菊酯类	高效氟氯氰菊酯	触杀、胃毒	菜粉蝶、棉铃虫、蚜虫	见效快,持效期长
	溴氰菊酯	触杀、胃毒	菜粉蝶、小菜蛾、跳甲、斜纹夜蛾、蚜虫、食心虫、棉铃虫、烟青虫、卷叶蛾、介壳虫、叶蝉、蓟马、盲蝽、粉虱	无内吸性,速效性好
	高效氯氰菊酯	触杀、胃毒	菜粉蝶、蚜虫、小菜蛾、豆荚螟、烟青虫、斑潜蝇、豆荚螟、棉铃虫、叶蝉、二十八星瓢虫、介壳虫	无内吸性,见效快,持效期长

（续）

农药类别	代表性农药	作用方式	防治对象	其他特点
拟除虫菊酯类	氯氰菊酯	触杀、胃毒	小菜蛾、菜粉蝶、豆荚螟、卷叶螟、蚜虫、棉铃虫、叶蝉	速效性好，可杀卵，对螨类害虫无效
	高效氯氟氰菊酯	触杀、胃毒	蚜虫、小菜蛾、菜粉蝶、豆荚螟、卷叶螟、瓢虫、螨、叶蝉、盲蝽	无内吸作用，速效性好，耐雨水冲刷，易产生抗性
	联苯菊酯	触杀、胃毒	粉虱、叶螨、叶蝉、棉铃虫、造桥虫、跳甲、蚜虫	无内吸作用，速效性好，残效期长
	氰戊菊酯	触杀、胃毒	叶菜类害虫、食心虫、豆荚螟	无内吸作用，速效性好，对螨类害虫无效
新烟碱类	啶虫脒	触杀、胃毒	蚜虫、蓟马、跳甲、螨类、叶蝉	具内吸性，持效期长
	噻虫嗪	触杀、胃毒	蚜虫、蓟马、跳甲、粉虱、介壳虫、盲蝽、根蛆	具内吸性，速效性好，持效期长
	吡虫啉	触杀、胃毒	蚜虫、蓟马、粉虱、盲蝽、蛴螬、蝼蛄、叶蝉、飞虱	具内吸性，持效期长，易产生抗性
	噻虫胺	触杀、胃毒	跳甲、粉虱、飞虱、蚜虫	具内吸性和渗透性，持效期长
	呋虫胺	触杀、胃毒	粉虱、蓟马、跳甲、蚜虫、叶蝉、飞虱	具内吸性，速效性好，持效期长
	噻虫啉	触杀、胃毒	蚜虫、蓟马、烟粉虱、蛴螬、天牛	具内吸性，速效性好
	烯啶虫胺	触杀、胃毒	蚜虫、粉虱、叶蝉、飞虱	具内吸性，持效期长
抗生素类	多杀霉素	触杀、胃毒	蓟马、小菜蛾、棉铃虫	不具内吸性，具渗透性，耐雨水冲刷
	阿维菌素	触杀、胃毒	小菜蛾、菜粉蝶、棉铃虫、斑潜蝇、螨、根结线虫	具内渗性，速效性慢，持效性长
	甲氨基阿维菌素苯甲酸盐	触杀、胃毒	蓟马、小菜蛾、烟青虫、豆荚螟、甜菜夜蛾、菜粉蝶、棉铃虫	具内渗性，杀虫谱广，速效性慢，持效性长

农药类别	代表性农药	作用方式	防治对象	其他特点
植物源杀虫剂	印楝素	触杀、胃毒	小菜蛾、斜纹夜蛾、菜粉蝶、根结线虫、叶蝉、螨	具拒食作用
	苦参碱	触杀、胃毒	菜粉蝶、小菜蛾、蓟马、蚜虫、螨、叶蝉	具有内吸、驱避和拒食等作用，持效期长
	鱼藤酮	触杀、胃毒	蚜虫、小菜蛾、斑潜蝇、跳甲、叶蝉	持效期长，见光易分解
	藜芦碱	触杀、胃毒	菜粉蝶、棉铃虫、蚜虫、叶蝉、螨	持效期长
	除虫菊素	触杀	蚜虫、叶蝉、造桥虫	速效性好，但见光易分解
	苦皮藤素	触杀、胃毒	菜粉蝶、斜纹夜蛾、甜菜夜蛾、跳甲、根蛆	持效期长
生长调节剂类	灭幼脲	触杀、胃毒	菜粉蝶、甜菜夜蛾、小菜蛾等鳞翅目害虫	速效性差，对鳞翅目幼虫效果好
	除虫脲	触杀、胃毒	小菜蛾、菜粉蝶	速效性差，对鳞翅目幼虫效果好
	氟铃脲	触杀、胃毒	小菜蛾、甜菜夜蛾、棉铃虫、韭蛆	速效性差，对鳞翅目幼虫效果好
	虱螨脲	触杀、胃毒	甜菜夜蛾、豆荚螟、菜粉蝶、小菜蛾、棉铃虫等鳞翅目害虫	具强杀卵特性，无内吸作用
	杀铃脲	触杀、胃毒	小菜蛾、菜粉蝶等鳞翅目、叶甲等鞘翅目害虫	具杀卵活性，无内吸作用，速效性差
	氟啶脲	触杀、胃毒	甜菜夜蛾、菜粉蝶、小菜蛾、韭蛆	速效性差，对鳞翅目幼虫效果好
	氟虫脲	触杀、胃毒	螨及潜叶蛾、小菜蛾等害虫	速效性差，对鳞翅目幼虫、幼螨、若螨效果好，但成螨效果差
	灭蝇胺	触杀、胃毒	斑潜蝇、豆秆黑潜蝇	具内吸传导作用，持效期长
	噻嗪酮	触杀、胃毒	叶蝉、飞虱、粉蚧、介壳虫	具渗透性，速效性好，残效期长
	甲氧虫酰肼	触杀	甜菜夜蛾、菜粉蝶、卷叶蛾等鳞翅目害虫	具杀卵活性，无渗透及内吸作用，持效期长

农药类别	代表性农药	作用方式	防治对象	其他特点
激素类杀虫剂	吡丙醚	触杀、胃毒	粉虱、介壳虫、蓟马、小菜蛾、甜菜夜蛾、斜纹夜蛾	具内吸性，具强杀卵活性，持效期长
	虫酰肼	触杀、胃毒	甜菜夜蛾、卷叶蛾等鳞翅目害虫	具杀卵活性，无渗透及内吸活性，速效性好，持效期长
双酰胺类	氯虫苯甲酰胺	触杀、胃毒	豆荚螟、甜菜夜蛾、小菜蛾、棉铃虫、叶蝉、粉虱等鳞翅目、半翅目害虫	具内吸性，速效性好，持效期长，
	溴氰虫酰胺	触杀、胃毒	甜菜夜蛾、小菜蛾、蚜虫、粉虱、蓟马、棉铃虫、斑潜蝇、跳甲、斜纹夜蛾、豆荚螟、瓜绢螟、跳甲	具内吸传导性，持效期长
	四氯虫酰胺	触杀、胃毒	甜菜夜蛾、小菜蛾、菜粉蝶等鳞翅目害虫	内吸传导作用，速效性好，持效期长
	溴虫氟苯双酰胺	触杀、胃毒	甜菜夜蛾、小菜蛾、跳甲等鳞翅目、鞘翅目害虫	速效性好，持效期长
吡唑类	唑虫酰胺	触杀	小菜蛾、蓟马	兼具杀卵、抑食、抑制产卵作用
	唑螨酯	触杀、胃毒	螨	兼杀卵、幼螨、若螨及成螨，速效性好
	螺螨酯	触杀	螨	兼杀卵及幼虫
嗪酮类	吡蚜酮	触杀	蚜虫、粉虱、叶蝉	具内吸输导作用，可双向输导
吡咯类	虫螨腈	触杀、胃毒	小菜蛾、甜菜夜蛾、卷叶螟、螨、蓟马、斑潜蝇、叶蝉	叶面渗透性强，具选择性内吸活性，速效快，但不杀卵
季酮酸类	螺虫乙酯	触杀、胃毒	蚜虫、粉虱、蓟马、螨、介壳虫	具双向内吸传导性，对卵及若虫有特效；见效慢、持效期长
	螺螨酯	触杀、胃毒	螨、粉虱	无内吸性，持效期长，对卵、若螨有特效
	乙螨唑	触杀、胃毒	螨	无内吸性，有较强的渗透能力，耐雨水冲刷，速效性差，只杀卵和若螨

附录Ⅱ　害虫防治常用杀虫剂

（续）

农药类别	代表性农药	作用方式	防治对象	其他特点
沙蚕毒素类	杀螟丹	触杀、胃毒	小菜蛾、菜粉蝶、叶蝉	具内吸性，速效性差
	杀虫双	触杀、胃毒	蔬菜多种害虫	具内吸性，速效性差
	杀虫单	触杀、胃毒	小菜蛾、菜粉蝶	具内吸性，表现明显拒食作用，速效性差
	杀虫环	触杀、胃毒	蓟马	具内吸性，速效性差
微生物杀虫剂	颗粒体病毒	触杀	小菜蛾	速效性差，持效期长
	苏云金杆菌	触杀	小菜蛾、菜粉蝶、豆荚螟、烟青虫、棉铃虫、跳甲等鳞翅目和鞘翅目害虫	速效性差，持效期长
	绿僵菌	触杀	菜粉蝶、甜菜夜蛾、粉虱、跳甲、蚜虫、蓟马、叶蝉、盲蝽、蝗虫	速效性差，持效期长
	核型多角体病毒	胃毒	甜菜夜蛾、斜纹夜蛾、棉铃虫等鳞翅目害虫	速效性差
	球孢白僵菌	触杀	蓟马、叶蝉	速效性慢，持效期长
	金龟子绿僵菌	触杀	菜粉蝶、甜菜夜蛾、蚜虫、蓟马、粉虱、跳甲、叶蝉	速效性慢，持效期长
	乙基多杀菌素	触杀、胃毒	小菜蛾、甜菜夜蛾、豆荚螟、斑潜蝇、蓟马等鳞翅目、双翅目及缨翅目害虫	速效性好，持效期长
吡啶酰胺类	氟啶虫酰胺	触杀、胃毒	蚜虫、粉虱、叶蝉、蓟马	具内吸及渗透作用，速效性好，持效期长
	哒螨灵	触杀	蓟马、跳甲、螨、蚜虫、叶蝉	无内吸传导作用，可杀卵，速效性好，但易产生抗性
	丁氟螨酯	触杀	螨	无内吸性，对卵、若螨、成螨均有效果，速效性好，持效期长

（续）

农药类别	代表性农药	作用方式	防治对象	其他特点
咔嗪类	联苯肼酯	触杀、胃毒	螨	对卵、若螨、成螨均有效果，速效性好，持效期长
砜亚胺类	氟啶虫胺腈	触杀、胃毒	蚜虫、粉虱、粉蚧	具内吸传导和渗透作用，残效期长
恶二嗪类	茚虫威	触杀、胃毒	小菜蛾、菜粉蝶、甜菜夜蛾、豆荚螟、叶蝉等鳞翅目、半翅目害虫	无内吸性，不杀卵，速效性好，持效期长

蔬菜害虫拉丁名索引

蔬菜害虫拉丁名索引

REFERENCES
参考文献

白学慧，吴贵宏，邵维治，等，2017. 云南咖啡害虫双条拂粉蚧发生初报[J]. 热带农业科学，37 (6)：35-37，48.

边红伟，胥付生，焦阳，等，2022. 棉铃虫的发生为害与绿色防控技术[A]. 河南省植物保护学会、河南省昆虫学会、河南省植物病理学会. 河南省植物保护学会第十二次、河南省昆虫学会第十一次、河南省植物病理学会第六次会员代表，244-246.

邓芸，王佛生，李元龙，等，2008. 绿豆象的发生特点及其防治试验研究[J]. 杂粮作物，28 (6)：385-386.

顾杰，毛雅琴，王莉萍，等，2009. 四纹豆象不同地理种群的遗传分化 [J]. 昆虫学报，52 (12)：1349-1355.

李虎群，张艳刚，张书敏，等，2008. 白洋淀地区长翅素木蝗、短额负蝗生物学特性初步饲养观察 [J]. 中国植保导刊，28 (12)：10-14.

李继红，2013. 蔬菜甜菜夜蛾和斜纹夜蛾的识别与防治 [J]. 农业灾害研究，3 (10)：21-24，29.

李涛，苟军，2007. 白星花金龟的发生与防治 [J]. 北京农业，4 (13)：45.

李晓婷，2010. 中国芫菁科分类研究（鞘翅目：多食亚目：拟步甲总科）[D]. 陕西杨凌：西北农林科技大学.

刘艳玲，雷金繁，白岗栓，等，2020. 关中平原樱桃园白星花金龟子的发生与防治 [J]. 安徽农业科学，48 (6)：122-126.

林绿清，2008. 斜纹夜蛾发生为害特性及综合防治对策 [J]. 福建农业 (11)：24.

刘昌燕，焦春海，仲建锋，等，2004. 食用豆虫害研究进展 [J]. 湖北农业科学，53 (24)：5908-5912.

刘丹竹，张萌，高宇，等，2016. 木槿曼粉蚧生物学特征的初步研究 [J]. 大豆科学，35 (4)：649-654.

罗晨，郭晓军，张芝利，2008. 白星花金龟的发生为害及防治 [A]. 中国植物保护学会 2008 年学术年会论文集，3.

曾涛，2000. 裂臀瓢虫属 3 种幼虫的形态记述（鞘翅目：瓢虫科）[J]. 华南农业大学学报 (4)：42-44.

秦厚国，汪笃栋，丁建，等，2006. 斜纹夜蛾寄主植物名录 [J]. 江西农业学报 (5)：51-58.

任顺祥，王兴民，庞虹，等，2009. 中国瓢虫原色图鉴［M］. 北京：北京科学出版社.

石宝才，宫亚军，路虹，等，2008. 十字花科蔬菜蝽象类害虫的识别与防治［J］. 中国蔬菜（8）：56-58，70.

石宝才，宫亚军，路虹，2005. 甘蓝夜蛾的识别与防治［J］. 中国蔬菜（9）：56-60.

孙彩娟，2014. 辣椒主要虫害的识别与防治［J］. 河南农业（11）：24.

汤访德，1992. 中国粉蚧科［M］. 北京：中国农业科学技术出版社，375-376.

王玉生，周培，田虎，等，2018. 警惕杰克贝尔氏粉蚧 Pseudococcus jackbeardsleyi Gimpel & Miller 在中国大陆扩散［J］. 生物安全学报，27（3）：171-177.

王毅，2015. 甲酸乙酯对杰克贝尔氏粉蚧的熏蒸作用及对菠萝品质的影响［D］. 晋中：山西农业大学.

吴建明，汤留弟，吴向阳，等，2007. 夏秋花椰菜斜纹夜蛾发生为害特性及综合防治对策［J］. 中国植保导刊（8）：21-22.

熊艺，刘小明，司升云，2005. 地下害虫小地老虎和韭蛆的识别与防治［J］. 长江蔬菜（12）：34-35，92.

袁晓丽，李伟才，何衍彪，等，2012. 我国热区常见粉蚧概述［J］. 广东农业科学，17（2）：66-67.

虞国跃，2021，张君明. 菜螟的识别与防治［J］. 蔬菜（6）：82-85.

杨集昆，1957. 大小黄三种地老虎的识别［J］. 昆虫知识，4（6）：274-278.

章士美，胡梅操，1983. 江西常见蝽类生物学（续纪）［J］. 江西农业大学学报（2）：1-9.

张志升，王露雨，2017. 中国蜘蛛生态图鉴［M］. 重庆：重庆大学出版社.

张巍巍，李元胜，2019. 中国昆虫生态大图鉴［M］. 重庆：重庆大学出版社.

张振兰，李永红，李建厂，等，2016. 银纹夜蛾及其防治技术［J］. 农技服务，33（4）：20-21，14.

张乐，2012. 棉田白星花金龟的发生与防治［J］. 农业与技术，32（10）：78.

邹曾健，杜佩璇，吴荣宗，1980. 吸果夜蛾的生物学特性及其幼虫等形态的识别［J］. 华南农学院学报（2）：86-100.

中国科学院动物研究所，1985. 中国经济昆虫志 第31册半翅目（一）［M］. 北京：科学出版社.

中国科学院动物研究所，1962. 中国经济昆虫志 第2册半翅目蝽科［M］. 北京：科学出版社.

中国科学院动物研究所，1963. 中国经济昆虫志 第03册鳞翅目夜蛾科（一）［M］. 北京：科学出版社.

中国科学院动物研究所，1963. 中国经济昆虫志　第 07 册鳞翅目夜蛾科（三）[M]．北京：科学出版社．

中国科学院动物研究所，1977. 中国经济昆虫志　第 11 册鳞翅目卷蛾科（一）[M]．北京：科学出版社．

中国科学院动物研究所，1978. 中国经济昆虫志　第 12 册鳞翅目毒蛾科（一）[M]．北京：科学出版社．

中国科学院动物研究所，1980. 中国经济昆虫志　第 18 册鞘翅目叶甲总科（一）[M]．北京：科学出版社．

中国科学院动物研究所，1980. 中国经济昆虫志　第 21 册鳞翅目螟蛾科[M]．北京：科学出版社．

中国科学院动物研究所，1981. 中国蛾类图鉴 I [M]．北京：科学出版社．

中国科学院动物研究所，1985. 中国经济昆虫志　第 36 册同翅目蜡蝉总科 [M]．北京：科学出版社．

中国科学院动物研究所，1995. 中国经济昆虫志　第 50 册半翅目（二）[M]．北京：科学出版社．

中国科学院动物研究所，1996. 中国经济昆虫志　第 54 册鞘翅目鞘翅目叶甲总科（二）[M]．北京：科学出版社．

Blswas J，Ghosh A B，2000. Biology of the mealybug，*Planococcus minor* (Maskell) on various host plants [J]．Environment & Ecology，18（4）：929-932.

Fondio D，Yéboué N L，Soro S，et al，2020. Biological parameters of *Leptoglossus membranaceus* Fabricius，1781（Heteroptera：Coreidae）Cucumber pest（Tokyo F1 and poinsett varieties）in the rainy season in Daloa（Côte d'Ivoire）[J]．Journal of Entomology and Zoology Studies，8（2）：1618-1624.

Huang T I，Reed D A，Perring T M，et al，2014a. Feeding damage by *Bagrada hilaris*（Hemiptera：Pentatomidae）and impact on growth and chlorophyll content of *Brassicaceous* plants pecies [J]．Arthropod-Plant Interactions，1-12.

Huang T I，Reed D A，Perring T M，et al，2014b. Host selection behavior of *Bagrada hilaris*（Hemiptera：Pentatomidae）on commercial cruciferous host plants [J]．Crop Protection，59：7-13.

Palumbo J C，Natwick E T，2010. The bagrada bug（Hemiptera：Pentatomidae）：A new invasive pest of cole crops in Arizona and California [J]．Plant Health Progress，11（1）：1-3.

Patidar J，Patidar R K，Shakywar R C，et al，2013. Host preference and survivability of *Bagrada hilaris*（Burmeister，1835）on off season crops [J]．Annual Plant Protection Science，21：273-275.

Reed D A, Palumbo J C, Perring T M, et al, 2013. *Bagrada hilaris* (Hemiptera: Pentatomidae), An Invasive Stink Bug Attacking Cole Crops in the Southwestern United States [J]. Journal of Integrated Pest Management, 4 (3): 1-7.

Srinivasan R, Tamò M, Malini P, 2021. Emergence of Maruca vitrata as a Major Pest of Food Legumes and Evolution of Management Practices in Asia and Africa [J]. Annual Review of Entomology, 66: 141-161.

Van R J A, 1973. Behaviour and biology of *Leptoglossus membranaceus* (Fabricius) in the Transvaal, with description of the genitalia (Heteroptera: Coreidae) [J]. Annals of the Transvaal Museum, 28 (14): 257-286.

参考文献

图书在版编目（CIP）数据

蔬菜害虫识别与防治彩色图谱 / 邱海燕，刘奎主编
. —北京：中国农业出版社，2023.9（2024.12 重印）
ISBN 978-7-109-30955-5

Ⅰ.①蔬…　Ⅱ.①邱…②刘…　Ⅲ.①蔬菜害虫—防
治—图谱　Ⅳ.①S436.3-64

中国国家版本馆 CIP 数据核字（2023）第 141119 号

中国农业出版社出版

地址：北京市朝阳区麦子店街 18 号楼
邮编：100125
责任编辑：郭晨茜　杨晓改　谢志新
版式设计：王　晨　责任校对：周丽芳
印刷：北京通州皇家印刷厂
版次：2023 年 9 月第 1 版
印次：2024 年 12 月北京第 2 次印刷
发行：新华书店北京发行所
开本：880mm×1230mm　1/32
印张：5.5
字数：155 千字
定价：48.00 元
